はじめてのレコード

これ1冊でわかる
聴きかた、探しかた、楽しみかた

はじめに

レコードのある暮らしをはじめたいけど、
何から揃えたらいいのかわからない。
知識やお金はどのくらい必要なんだろう……。
そんな疑問や不安から、
なかなか一歩を踏み出せないあなたに。

本書では、レコードを買うところから、
聴く、収納、お手入れまで、
基礎知識をやさしく解説します。

音楽を持ち運んで、いつでもどこでも聴けるいま、
レコードはすこし面倒かもしれません。
でもきっと、じっくりとレコードを聴く時間が、
日々をすこしだけ豊かに彩ってくれるはずです。

レコードを好きになるのに
マニアックな知識はいりません。
わくわくしたりドキドキしたりするだけで十分。
まずは気楽にレコードにふれてみましょう。

レコードのいいところ

レコードは大きい

アートとしても美しい
12インチや7インチのジャケット。
大好きな音楽を
もっと愛おしく感じられるはず。

レコードは人間的な音がする

レコードに針を落として
聞こえてくる音はなんだかあたたかい。
プチプチいうノイズも憎めなくなってくる。

レコードとの出会いは宝探し

知らない時代の音楽を
直感を頼りにお店で探し出す。
検索では味わえないわくわく感！

針を落とす。
一本の溝をぐるぐる回り、
音楽が流れ出す。
ときどきプチプチと
かすかにノイズを立てながら。

そして音が止まったら、
自分の手でレコードを裏返し、
また針を落とす。

いろんな音楽が、
大きなジャケットに写った顔や景色が、
回り続けるレコードが、
自分だけの世界旅行や
タイムトリップに連れて行ってくれます。

いつでもどこへでも。

目次

［第3章］収納とお手入れ

［第4章］レコードをもっと楽しもう

［番外編］

おすすめレコードショップ＆用語集

はじめてのレコード

第1章

レコードを買いに行こう

まずはおさえておきたい！

レコードの基礎知識

CDに「シングル」や「アルバム」といった種類があるように、レコードにもいくつかの種類があります。おぼえておくと役立つのが、「盤の種類」と「盤のサイズ」です。

1 盤の種類をおぼえよう

音源の収録時間や用途で変わる

たっぷり聴ける LP盤

LPとは、Long Playing（ロングプレイング）の略で、「アルバム」とも呼ばれます。1948年にアメリカで開発され、広く普及しました。12インチ盤で片面25分ほどの長時間、複数の曲収録が可能。サイズは10インチのものもありますが、12インチが一般的。現在、店で目にする新品・中古レコードの多くは、この12インチのLP盤。

一曲入魂型 EP盤

EPとは、Extended Playing（エクステンディッドプレイング）の略。基本的にサイズは7インチと小さく、収録時間は片面4分程度。片面に1曲ずつしか収録されないので、「シングル」と呼ばれます。たいてい、表の面（A面）にヒット曲（推し曲）が収録され、低価格で販売。12インチ・サイズのEPは音が良く、クラブDJたちにも愛好されています。

☞収録時間がちがうワケ

収録時間は、レコードが1分間に何回転するかによって変わります。

サイズ	回転数	片面／分	両面／分
12インチ（30センチ）	33回転	18～25	36～50
	45回転	7～12	12～24
7インチ（17センチ）	33回転	5～7	10～14
	45回転	2～4	4～8
10インチ（25センチ）	33回転	8～12	16～24

2 盤のサイズをおぼえよう

盤の大きさは「センチ」ではなく「インチ」で呼ぶ

ドーナツみたいな

7インチ

直径7インチ（17センチ）のレコードのこと。EP盤をサイズで表わした名称。収録時間は片面3〜4分程度。最大7分ほどのものもあります。中心の穴（センターホール）が大きいものが多く、その形状から「ドーナツ盤」とも呼ばれます。

7inch ※実物大

10inch

12inch

いまはめずらしい

10インチ

直径10インチ（25センチ）のレコードのこと。特に1950〜60年代にかけて、12インチのLP盤より安価で流通しました。収録曲数は6〜8曲程度。

定番サイズ！

12インチ

直径12インチ（30センチ）のレコードのこと。収録時間は片面12分程度のEP盤と、片面25分程度のLP盤がありますが、単に「12インチ」と呼ばれる場合は、片面の1〜3曲ほどを収録したクラブDJ向けのEP盤を指す場合がほとんどで、デザインされたジャケットではなく、白地や黒地で真ん中に穴の空いたシンプルなジャケットに入っている場合が多いです。LP盤の場合はあまり「12インチ」とは呼びません。

はじめてのレコード

レコードを
買いに行こう

STEP 1

レコードショップってどんなところ?

どんな1枚に出会えるかな? ドキドキ感、期待感を楽しむ場所

レコードショップはビルの一室にあったりして、ちょっと入りにくいと感じてしまうかも。でも、勇気を出してドアを開けてみましょう。一歩中に入ってみれば、気になるジャケットが目に飛び込んで来ます。1枚1枚じっくりと眺めたり聴いたりするたびに、音楽との新しい出会いがおとずれます。

ウェブでもレコードは買えるけど、お店に行けば、初心者だからこそ「なにこれ!?」という発見が待っています。このドキドキ感、期待感がレコードショップに行く最大の楽しみです。

まずは、近所の身近なお店からのぞいてみましょう。大きなお店に出かけて、雰囲気に慣れるのも良いですね。

more music
more books
more dig
more

レコードを買いに行こう

STEP 2

とっておきの1枚を探すには?

宝探し気分で、いろんな棚を見る

レコードショップは、宝の山。お目当てのアーティストがいれば、そこを見るのはもちろん、せっかくだから、他の棚も見てみましょう。気になるレコードがザクザクと出てくるはず。

宝探しのコツは、つぎのページであげる4つをチェックしてみることです。

お目当ての棚をチェック

棚は、たいていロック、ソウル、ジャズなどのジャンル別にわかれていて、さらに、A~Zのアーティスト名順に並んでいます。お気に入りのアーティストがレコードに込めた想いやジャケットデザインなど、レコードならではの楽しみが待っています。

特価コーナーをチェック

「500円以下」や「3枚で1000円」など、お店によって値段はさまざま。ほとんどレコードを持っていない、数を集めたいという人は、ここへ直行！　安いから「ジャケ買い」（90ページ参照）もしやすいですね。

高額盤・レア盤をチェック

高価なレコードやレアな（希少な）レコードは、壁や棚の上に飾られています。目玉が飛び出そうな値段ですが、ここを見ているとだんだんと見る目が肥えてきます。博物館にいる気持ちで観賞しましょう。

新入荷コーナーをチェック

中古盤を取り扱っているレコードショップには、たいてい「新入荷」「New Arrival」のコーナーがあります。まだあまり人の目にふれていないので、お買い得な盤が残っていることも多く、お店に来たら、一度はここを見るのがおすすめです。

レコードを買いに行こう

STEP 3

買う前になにをする？

レコードの状態を確認しよう

中古レコードは、盤もジャケットも、状態の良しあしが1枚1枚異なります。同じタイトルのレコードでも「安い！」という場合には、状態がわるいことも多いので要注意。もちろん状態がわるいことを知ったうえで、安い価格で買う決断もおおいにアリ。まずは自分の目と耳で確認することが大切です。

商品カードの見方

価格

レアで状態の良いレコードほど価格は上がります。

タイトル

アーティスト

コンディション

盤の状態の良しあしをアルファベットなどで表記しています。評価はお店ごとに行なうため、まちまちです。あくまで参考に。お店によって、より良い状態をあらわす＋（プラス）、よりわるい状態をあらわす－（マイナス）が付くこともあります。お店によっては「EX」を使用せず、「VG」に「＋」や「－」をつけて状態の良しあしを表示している場合もあります。A店の「VG＋」がB店の「EX」に相当するケースも少なくありません。

特記事項

盤を直接見ないとわからないことを特記。また、店員さんのおすすめコメントが書かれていることも。

［コンディション表記の見方］※各アルファベットの詳しい説明はp138～参照

	良 ←――― 状態 ―――→ 悪
日本の一般的な表記	A ／ B ／ C
国際的な表記	M (Mint) ／ NM (Near Mint) ／ EX (Excellent) ／ VG (Very Good) ／ G (Good) ／ F (Fair)（もしくはP (Poor)）

1 商品カードをチェック

ジャケットについている商品カードをチェックします。商品カードには、曲名やアーティスト名、価格のほかに、盤の状態が書いてあるので、必ず確認してください。店員さんによる愛情あふれるコメントが書かれていることもあり、買うときの参考になります。

　また、お店によって状態の表示や基準は違うので、商品カードに頼りすぎず、手にとって自分で判断することも大事にしていきましょう。

☑ チェックポイント

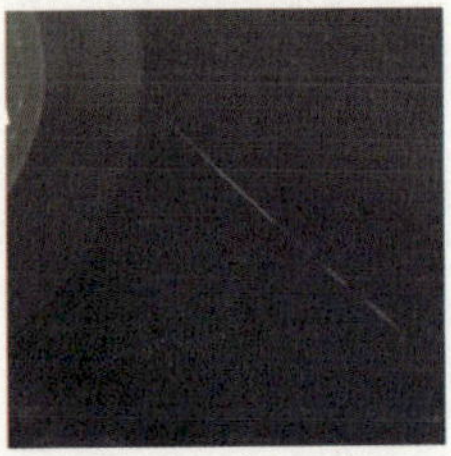

☐ **キズがない**

キズがあるとプチプチと音がしたり、針飛びしたりする。

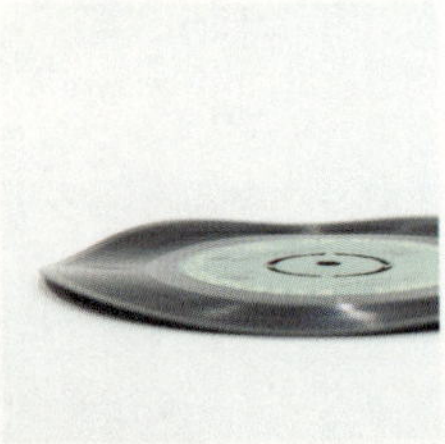

☐ **ソリがない**

波打つように反っていると音がゆがむ場合がある。

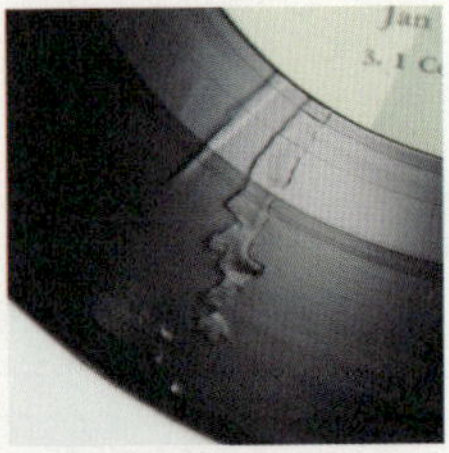

☐ **気泡やゴミがない**

プレス時のミスで気泡やゴミが入っている。針飛びやノイズの原因に。

☐ **“ビニ焼け”していない**

レコードを包むビニールによって盤面に起こる化学変化を“ビニ焼け”という。パチパチ、サーサーとノイズが出る場合も。

盤を上から見るとキズの有無がわかる。横から見ると、盤のソリや、プレスミスのでこぼこなどが見える。

2 盤の状態をチェック

レコードをジャケットから出して盤面をチェックしたいときは、店員さんに声をかけ、許可をもらいましょう。盤を持つときは盤面をさわらないように。ただし、盤の状態がどの程度音に影響を与えるかは判断しにくいもの。商品カードを参考に、店員さんにいろいろ聞いてみるのが初心者にはおすすめです。

☑ チェックポイント

☐ “底抜け”していない

盤がジャケットの下からはみ出し、盤が傷む原因になる。

☐ 折れていない

折り目がついていたり、破れていたりすると、せっかくの素敵なデザインも台無しに。

ジャケットの表裏はもちろん、底抜けをチェックするためには、ジャケットの中を上から覗き込んでみると良い。

3 ジャケットの状態をチェック

ジャケットが傷んでいても、盤が傷んでいなければ、音を聴くのには問題ありません。でも、レコードはジャケットのデザインも魅力。チェックして、なるべく良い状態の1枚を選びましょう。

ジャケットが破れていたり、水濡れの痕があったりするものは、中の盤もひどく傷んでいることがあり、注意が必要です。

4 試聴する

商品カードを見て、盤も直接確認して、それでもなお音が心配だったら、店員さんに声をかけて試聴をさせてもらいます。商品カードや盤を見て気になったところ（キズがあるところなど）に気をつけて、聴くようにします。

どんな音楽かを確認するというよりは、盤の状態をチェックするのがレコードの試聴の目的。お店によっては、試聴は「3枚まで」「1回につき3分間以内」などのルールがあるので、それに従いましょう。

店員さんとコミュニケーションしよう

盤の取り扱いにまだ慣れていないときは、店員さんにかけてもらうと安心。試聴は、店員さんとのコミュニケーションのチャンスでもあります。レコードの音以外について、さらにその1枚が欲しくなるような良い情報が聞けるかも！

知っておきたい店内マナーは？

レコード、お店、ほかのお客さんに配慮を

レコードショップと深く楽しくつきあうためのマナーを知っておきましょう。大切なのは、第一に、商品であるレコードを大切に扱うこと。そして、店員さん、ほかのお客さんに迷惑になるようなことを慎むこと。

ごく当たり前のことを守っていればOKです。

① 「トントン」しない

見たレコードを「ストン」と落下させて戻すのはNG。盤の重みでジャケットの底が抜けてしまいます。見るのが上手な人は、すばやく見ていても「トントン」と音はさせずにやさしく置いているはずです。

底がしっかり棚底につくまで手を離さないのがコツ。

② 試聴ブースを占領しない

試聴はあくまでも、レコードの状態を確認するための〝試し聴き〟。いい音楽だからと、1枚まるまる聴いたり、何枚も連続して試聴するなど、試聴ブースの占領はやめましょう。

3 もとの場所に戻す

レコードはもとの場所にきちんと戻しましょう。また、「良いのを見つけたけど、お金がないからあとで買いにこよう」などと考えて、そのレコードをあまり人が見ないような棚に隠す人がいます。これはマナー違反。取り置きに対応してくれるお店もあるので、店員さんに相談してみてください。

4 SNSに価格情報などをアップしない

レコードにどれくらいの値段をつけ、どのジャンルの棚に置くかは、そのお店の大切なオリジナリティです。SNSにアップしたりして、むやみに流出させないのがエチケット。どうしてもアップしたいときは、店員さんに許可をもらいましょう。

5 みんなが気持ち良くレコードを探せるように

店内では、みんなレコードを探すことを楽しんでいます。電話で話しながらレコードを探したり、気になったレコードをパシャパシャと写真に撮ったりする行為はレコードを探す楽しい空間をこわしてしまいます。最低限のエチケットを守って、みんなが気持ち良く買いものできるようにしましょう。

レコードにまつわるそぼくな疑問〈買う編〉

？同じLP（12ページ参照）なのに、「輸入盤」と「国内盤」がありました。違いはなんですか？

日本国内で製造販売されているレコードを「国内盤」、アメリカなど海外で製造され、日本に送られてきたレコードを「輸入盤」といいます。レコードに入っている音楽そのものは一緒でも、製造された国や年代によって音質や音圧の違いがある場合は多く、その差異にこだわってコレクションしているファンも数多くいます。

？レコードを選んでいると「重量盤」と書かれているレコードがありました。重量盤はなにが違うんでしょうか？

通常のLP盤の場合、重さは１２０グラム前後のものが多いのですが、盤を厚く重くしてプレスする方法があります。そのほうが盤の回転が安定し、反りにくくなりますし、溝を深く掘ることで針との接触面が増えるため音質が向上すると考えられています。そのためにプレスされた盤を「重量盤」と呼びます。通常の約1.5倍の１８０グラム以上である場合が多いです。

お店によって、中古レコードの価格が違っていました。価格はどうやって決まるのですか？

基本的にはそのお店で扱っている商品の傾向やレコード自体の現在の人気に応じて、各店で自由に決められています。そのため、お店によって価格が異なることのほうが、むしろ一般的です。

お店によっては、その店にとって専門外の商品を相場に対して安価で見つけられる場合もあるかもしれません。ただし、ジャケットやレコードのコンディションの良しあしによっても値段は変わるので、要注意です。

海外では、珍しいレコードの価格の相場を記載した本（プライス・ガイド）も出版されており、それを参考にしているお店もあります。

価格が高いほど良いレコードなんですか？

中古レコードの価格が上昇するにあたっては、いくつかの条件がありますが、基本的には需要と供給の関係が大きく作用します。欲しい人がたくさんいるのにレコードの数が少ないという場合、どうしても価格は上昇します。人気が高いわけですから、そのレコードを「良い」と思っている人が多いといえるでしょう。

ですが、高いレコードの中にはとても熱心なマニアやコレクターの人たちが探しているような特殊な性質の作品もあります。そういう場合、内容的には誰もが楽しめるとはいえない場合も少なくありません。

なので、高いレコードは「誰が聴いても内容が良い」というわけではなく、「そのレコードを欲しいと思う人たちの気持ちを価格に反映している」と理解しておくと良いと思います。

LPより12インチEP（12ページ参照）のほうが音が良いと聞いたことがありますが、本当ですか？

1枚のレコードは、基本的に1本の溝が外側から内側に向けて円を描きながら進んでいくようにつくられています。その溝の幅や深さは肉眼でははっきりとはわかりませんが、収録時間が短いほど広く深くすることができます。そして、溝が広く深いほど針の回転が安定し、また、針と盤との接触面も増え、針から伝わる情報量が増えることがわかっています。

同じ12インチサイズでも、片面に4〜5曲で20分前後の音楽を刻んだLPより、1〜2曲で多くても10数分の音楽を刻んだ12インチEPの溝のほうが、広さも深さも増すことができるのは明らかで、その結果、必然的にLPよりも12インチEP、33回転盤より45回転盤のほうが音が良くなる傾向にあります。

レコードを探すペースが遅いので、すぐに後から来た人に追いつかれてしまいます。申し訳ない気持ちでいっぱいになるのですが、どう対処すれば良いですか？見ている棚をゆずるべきですか？

レコードを探す権利は誰でも平等なので、わざわざ譲る必要はありません。ですが、店内が非常に混み合っているときなどは、多少のスピードアップを心がけるのもひとつのマナーでしょう。また、棚を見ながら1枚1枚手を止めて考えずに、気になるレコードは何枚かまとめて抜いて、棚を離れてゆっくり考えるのも良いと思います。

欲しいレコードを見つけたのですが、手持ちのお金がなくて泣く泣くあきらめました……。レコードの取り置きってできますか？

一時的に取り置きを受け付けてくれるお店は少なくありません。ただし、お店によって取り置き期間は1日、3日、1週間、10日などまちまちなので、店員さんに尋ねて確認をしましょう。

ジャケットの隅に穴が開いているレコードがありました。ほかのレコードと比べると、安価なものが多いように感じましたが、これはなんですか？

「カット（カットアウト）盤」と呼ばれるものです。１９６０年代にアメリカではじまり、やがて一般化した販売方式から生まれました。お店で売れずに残っていた新品LPの在庫を回収し、もう一度安価のバーゲン価格にして出荷するにあたり、一般商品と区別するためにジャケットの隅に穴を開けたり、角を直線で切り落とすなどの方法がとられました。ジャケットをカットするので、「カット盤」なのです。

かつての日本では、１ドルが３６０円～２４０円と為替相場がとても高かったので、輸入盤業者はアメリカのレコード会社から定期的に放出されるカット盤を大量に仕入れて販売していました。

また、そうしたカット盤の中には、当時は売れなかったものの、のちに名盤として高く評価されたものも多くあります。人気のないバーゲン商品ばかりというわけではないのです。

宝探しのような喜びは忘れたくない

レコードの
ある暮らし
その1

AMO

ファッションモデル

プロフィール

あも。1991年生まれ。モデルとして、雑誌「LARME」「Zipper」などで活躍する。2012年にモデルのAYAMOとユニット「AMOYAMO」を結成し、音楽活動を開始。2013年には自身がプロデュースするブランド「Lunatic Lemony Lollipop」を立ち上げた。

レコードの音は深みや温かみが全然違った

現在、ガーリー・カルチャー・シーンで絶大な支持を集めるモデルAMOさん。実は彼女は、若くしてアナログ・レコードをこよなく愛し、DJバッグにもシングル盤を詰め込んでいるレコード・ガール！　そのレコード愛のきっかけをつくってくれたのは、1台のレコード・プレーヤーだったそうです。

「主人が、ポータブル・プレーヤーをプレゼントしてくれたんです。『まずは何でもいいから手にとって聴いてみて。レコードの音を聴いてみたら何が違うかわかるから』って言われて。私はCourtney LoveのバンドHoleが好きだったんですが、Holeのレコードを買って聴いてみたら、CDで聴いていたときと音の深みとか温かみが全然違っていたんです」

そのご主人とは、THE BAWDIESのベース&ヴォーカルにして、熱烈な音楽マニアでレコード狂であるROYさん。ROYさんのレコードの愛し方や言葉を通じて、AMOさんもどんどんレコードの魅力に引き込まれていったのでした。

「身近に一番良い先生がいたというのが大きかったと思います。近くにすごくレコード愛がある人がいるので自分も興味が湧いてきたし、もっともっと勉強したいと思うようになっていきました」

「レコードにどんどんふれて、興味があるものは手にとってみるのがとても大事」とAMOさん。

「これは誰だ？」って試聴するのが楽しい

　最初は気になるアーティストやかわいいジャケットのレコードを集めていたというAMOさん。でも、今ハマって買っているのは、1960年代の名もないガレージ・バンドのシングル盤（EP）とのこと。

「シングル盤を探してると見たことも聴いたこともないようなアーティストがいっぱいいて。『これは誰だ？』って思って試聴するのがすごく楽しいんです。60年代のガレージ・バンドって、LPも出せなくて活動期間も短かったような無骨なバンドがいっぱいいて、そういう青春のすべてがぎゅっと詰まった感じがすごくキラキラしてて、かっこ良く思えたりするんです」

　AMOさんのブログやインスタグラムにはクラブでレコードをかけるDJ姿や、お気に入りのレコードの数々もよく投稿されています。

「私がそういう写真や音源をアップすると、質問やコメントがけっこう来るんですよ。きっかけがないだけでみんな本当は音楽が好きなはずなんです。お洋服を買いに行くような感覚でもいいし、インスタグラムでかわいい画像を集める感覚でもいい。ちょっと足を伸ばしてCD屋さんやレコード屋さんに行って試聴したり、ジャケットを見たりして、『いいかも！』と感じたものから買って、聴いてみるところからはじめればいいと思います。めんどくさいと思うかもしれないけど、そういう作業があるから1曲1曲に愛着がわくし、そうやって探したものってポイッとは

真剣な表情で試聴するAMOさん。試聴してみると、ジャケットがないシングル盤からワクワクするような音楽が流れてくることも。

お気に入りのレコードショップ「ディスクユニオン新宿本館」前で。自分で探して買ってみたレコードを持って帰る時間も楽しみのひとつ。

捨てられないじゃないですか」

撮影の間も、シングル盤からLPまであちこちの棚を、とても熱心に探していたAMOさん。

「宝探しのような喜びは絶対忘れたくないし、私と同世代や若い世代の人にもそれを感じてほしいです。自分が何かを感じて買ったレコードを1枚聴けば、たぶん世界が変わると思うんです。まだまだ私もレコード勉強中です」

こだわりのプレーヤー

ターンテーブル（写真）：Technics SL-1200MK5
オールインワンプレーヤー：CROSLEY
トランク型ミニレコードプレーヤー
（CR40）RED（商品詳細はp38）

とっておきの1枚

『THE VIRGIN SUICIDES ORIGINAL SOUNDTRACK LIMITED EDITION』

「映画監督のSofia Coppolaの作品が好きで、『THE VIRGIN SUICIDES』がそのなかでも一番好きなんです。サントラはCDしか持っていなかったんですが、撮影中に「レコードもある！」と知って選びました。レコードに興味はないけど、かわいいものが好きっていう人にも、この『THE VIRGIN SUICIDES』のLPから入ってもらえたらうれしいですね」

SMALL TALK ABOUT RECORD

VOL.1

レコードができるまで

レコード製造の行程をおおまかにいうと、①カッティング、②メッキ、③プレスです。

まず、録音された音楽情報を、針の振動に対応した溝のかたちに変換して、やわらかい材質のラッカー盤に刻む「カッティング」という工程からはじまります。この工程は専用のカッティングマシンを使い、繊細な技術を持つ専門の技師が担当。音の情報を溝に刻み込んだ「ラッカー盤」が作られます。

それをもとに、すべてのレコードの原型となる「マスター盤」→硬い金属の「メタル・マザー盤」→機械に装着するための「スタンパー盤」が作られます。

専用の機械にはめこまれたスタンパー盤は、特殊なプラスチックである塩化ビニールに型押し（プレス）され、やっと円盤型のレコードのできあがり。1枚のスタンパーで、数千枚のレコードが製造できます（それ以上の場合はあたらしく交換する）。現在、日本で唯一のプレス機器があるのは、神奈川県にある東洋化成株式会社。レコードの人気復活によって連日さまざまなレコードがプレスされています。

なお、あまり知られていないことですが、もともと原料の塩化ビニールは透明です。盤が黒くなっている理由は、盤の強度を増すために黒いカーボンを少量混ぜているからだそう。なので、原理的にはどんな色のレコードでも作れますし、すべての黒いレコード盤も「カラー盤」だといえるのです。

東洋化成(株)で使われている、手動プレス機。
【写真提供：東洋化成株式会社】

はじめてのレコード

第2章

レコードを聴こう

レコードを聴くために必要なものは？

気軽にはじめたいなら オールインワンプレーヤー

プレーヤー1台で万能 オールインワン！

気軽にはじめたいならオールインワンタイプのプレーヤーがおすすめです。

本来レコードを聴くには

①プレーヤー
②アンプ
③スピーカー
④フォノイコライザー
※スピーカーにPHONO端子がない場合

が必要になりますが、オールインワンプレーヤーは、これら①②③④を1台に搭載。個々に揃えると10万円以上かかる場合があるところを、1万円以内で購入できるものもあります。

音質も良く、見た目もかわいいものが増えているので、部屋のインテリアに合わせて選ぶ楽しみもあります。

オールインワンプレーヤーのいいところ

- 1台あればすぐに聴くことができる
- 場所をとらない
- 低価格のものも多い
- 持ち運びができる（ポータブル）タイプもある

オールインワンプレーヤーに搭載されているもの

プレーヤー

レコードの音を再生する器具。
ターンテーブルとも呼ばれる。

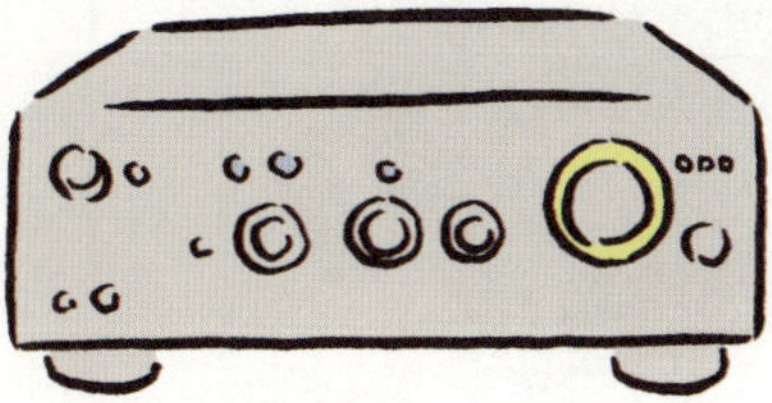

アンプ

音を電気的に増幅させる器具。

スピーカー

音を外に出す器具。

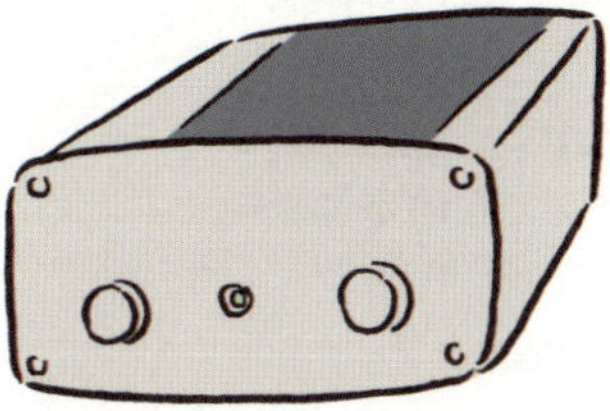

フォノイコライザー

再生するレコードの音を最適な音に変換するための器具。（詳細はp43参照）

おすすめのオールインワンプレーヤー

これ以外なにも必要ない、1台で聴けちゃうプレーヤーを紹介します。

※サイズ、重さはおよその数値です。※すべて参考価格です。

サイズ：幅×奥行×高さ

スリムなトランク型のデザイン

トランク型ミニレコードプレーヤー

(CR40-RE)

コンパクトサイズで、持ち運びやすいトランク型のプレーヤー。ヴィンテージ感のある色づかいがレトロでかわいく、インテリア雑貨としても楽しめる。フタをはずせば、10インチ、12インチも聴くことができる。

メーカー：CROSLEY
価格：16,250円
カラー：red/black
サイズ：36×20×12cm
重さ：4kg
回転数：33 1/3、45、78回転

まるみのあるボディがかわいい

Collegiate USBレコードプレーヤー

(CR6010A)

フタ部分がなめらかな曲線を描き、閉めているとターンテーブルとは思えない独特のフォルム。外部入力にも対応し、iPodなどを差してスピーカーとしても利用できる。USBの接続もあるので、レコードのデジタルデータ化もできる。

メーカー：CROSLEY
価格：24,200円
カラー：red/blue
サイズ：56×41×26cm
重さ：5.5kg
回転数：33 1/3、45、78回転

レトロなラジカセ風
Spinnerette　USBレコードプレーヤー
（CR6016）

　コンパクトに畳めば、レトロなカセットデッキを思い起こさせるデザイン。背面部にはケーブル類などを収納できるポケットがある。大きめにつくられた音量、トーン調節部分のつまみもかわいい。USBをつないでデジタルデータ化できる。

メーカー： CROSLEY
価格：22,120円
カラー：red/teal
サイズ：40×25×30cm
重さ：2.2kg
回転数：33 1/3、45、78回転

布地を使った大人シックな一台
Nomad　USBレコードプレーヤー
（CR6232A）

　ヴィンテージなブリーフケーススタイルで、布地の表面が特徴的なデザインのプレーヤー。左右両側にスピーカーがついている。フタは取り外し可能。ヘッドフォンジャックがあり、ヘッドフォンをつないで聴ける。

メーカー：CROSLEY
価格：40,800円（並行輸入品）
サイズ：43×33×10cm
重さ：4.8kg
回転数：33 1/3、45、78回転

明るいカラーが魅力
Cruiser レコードプレーヤー
(CR8005A)

ポップなカラーリングが特徴的な、アタッシュケースサイズのプレーヤー。最後のトラックの再生が終わると、自動的にレコードの回転が止まる。One Directionやスヌーピーなどとの限定のコラボ・モデルも要チェック。

メーカー：CROSLEY
価格：17,280円
カラー：black/green/orange/pink/turquoise
サイズ：35×27×12cm
重さ：2.5kg
回転数：33 1/3、45、78回転

オートリターン機能を搭載
トランク型 USBレコードプレーヤー
(CR6249A)

シンプルな色のトランク型プレーヤー。外部入力とヘッドフォン端子が多く、USBでパソコンに接続することも可能。演奏終了後に自動でトーンアームが戻り、停止する「オートリターン機能」がついているので、目を離しても安心。

メーカー：CROSLEY
価格：24,200円
カラー：brown/black
サイズ：56×41×26cm
重さ：5kg
回転数：33 1/3、45、78回転

乾電池で再生可能
Mobile LP

12インチレコードのジャケットサイズのプレーヤー。乾電池でも駆動し、持ち運び用のハンドルとダストカバーもついている。±10%のピッチ調整機能があったり、USBでパソコンに取り込みも可能。ヘッドフォン端子もある。

メーカー：ION AUDIO
価格：16,800円
サイズ：30×30×10cm
重さ：2.3kg
回転数：33 1/3、45、78回転

シンプルな木目デザインが人気
Archive LP

どんな部屋にもマッチし、レコードの再生音にもしっくりくる、天然木を使用した落ち着いたデザイン。オールインワンプレーヤーでは珍しく、カートリッジを交換することができる。全品国内で検品して出荷しているのも安心。

メーカー：ION AUDIO
価格：9,980円
サイズ：40×36×9cm
重さ：2.7kg
回転数：33 1/3、45、78回転

もっとこだわりたいなら

プレーヤーを単品で買う

ステレオやパソコンにつないで自分好みの音響環境づくりが可能

1台あればすぐに音が聴けるオールインワンプレーヤーもおすすめですが、「ステレオセットにつないでより良い音で聴きたい」、「パソコンにつないで録音・編集作業をしたい」など、自分好みの音響環境を楽しみたいなら、プレーヤーを単品で買いましょう。プレーヤーを単品で買った場合にはほかに、

①アンプ
②スピーカー（アンプを内蔵しているものもある）

が必要になります。

ただ、①②が搭載されているミニコンポやラジカセをすでに持っていれば、使用できる場合もあります。自宅の音響環境や、どんな環境でレコードを楽しみたいか、購入する前に確認することが大切です。

デザインや性能、音質の違いを吟味しじっくり選ぶのも楽しいもの。ただし、こだわるほどにお金がかかることも。予算と相談しながら選びましょう。

ミニコンポやラジカセにつないで楽しむ

自宅にあるミニコンポやラジカセにつなぐときは、まずは「PHONO端子」（レコード・プレーヤー用の入力端子）があるかどうかをチェックしましょう。

最近のものにはPHONO端子がない場合がほとんど。その場合には、ほかの「外部入力端子（AUX端子）」があるかを確認します。外部入力端子があれば、プレーヤーとレコードをつなぐことができますが、フォノイコライザーが必要になります。

昔はほとんどのステレオにPHONO端子があったので、たとえば「お父さんが昔使っていたステレオがある」という場合には、プレーヤーだけでそのまま使えることも多いです。

PHONO端子や外部入力端子がお手持ちのステレオについているか、自分で確認してもわからないときは、取扱い説明書を店員さんに見せたり、機種名を伝えて相談してみましょう。

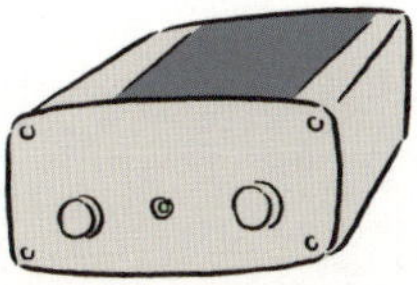

フォノイコライザーはなぜ必要？

たとえば、PHONO端子がないステレオにプレーヤーをそのままつなぐと、とても小さな音で、しかも高音が強調されて再生されます。フォノイコライザーは、その音を大きく、バランス良く再生するために必要なのです。

パソコンにつないでデータ化、編集を楽しむ

スピーカー機能のあるパソコンとつなぐときは、プレーヤーがＵＳＢに対応しているかを確認しましょう。

アンプとスピーカーはパソコンに搭載されているので、別途購入する必要はありません。ただし、フォノイコライザーは必要です。パソコンの録音・編集ソフトなどを利用すれば、お気に入りのレコードを取り込んで、自由な曲順で聴くなど楽しみも広がります。さらに、取り込んだデータをスマートフォンやポータブルプレーヤーに入れれば、レコードの音を外で聴くこともできます。

パソコンによっては、ドライバ（周辺機器を駆動するソフトウェア）をインストールしないと、音が鳴らないこともあるので要注意。つないでも鳴らない場合は、ドライバの状態をチェックしてみましょう。

フォノイコライザー内蔵のプレーヤーもある！

最近では、フォノイコライザーを内蔵したタイプのプレーヤーも多く登場しているので、プレーヤーとフォノイコライザーをそれぞれで買うよりも安価に済ますことができます。

番外編

「ＤＪをやってみたいのですが……」

ＤＪ用のプレーヤーは、回転スピードを変えられる「ピッチコントローラー」がついていたり、スクラッチや逆回転にも対応できるよう、磁石の反発を利用した「ダイレクトドライブ」でターンテーブルが回転する（リスニング用のプレーヤーの多くは、ベルトで回転するベルトドライブ式）方式を採用しています。本格的にＤＪをやるには2台のプレーヤーのほか、音を切り替えたり、音をミックスしたりするミキサーも必要となります。

ＤＪ用機材は専門的なので、それなりにお金もかかり、上級者向けです。興味のある方はお店の人に相談してみてください。

つないで楽しむおすすめプレーヤー

どんなミニコンポやパソコンにつないでも聴ける、フォノイコライザー内蔵のプレーヤーを紹介します。

※サイズ、重さはおよその数値です。
※すべて参考価格です。

AUDIO-TECHNICA
ステレオターンテーブルシステム
（AT-PL300）

レコードを置いて、スタートボタンを押すだけで聴ける、フルオート再生機能がついている。角を落としたラウンド形状で、部屋にとけこむデザイン。

メーカー：audio-technica
価格：12,960円
カラー：white/black
サイズ：36×36×10cm
重さ：2.7kg
回転数：33 1/3、45回転

SONY
ステレオレコードプレーヤー
（PS-LX300USB）

録音・編集ソフトを付属しており、非圧縮での高音質な取り込みにも対応。レコードならではの柔らかい音の質感そのままにパソコンなどに取り込める。

メーカー：SONY
価格：29,160円
サイズ：42×36×10cm
重さ：3.1kg
回転数：33 1/3、45回転

DENON
レコードプレーヤー
（DP-300F）

光沢塗装仕上げの洗練されたデザイン。付属のカートリッジ以外にも交換が可能。針圧の調整もできるので、この1台でどんどんこだわっていける。

メーカー：DENON
価格：46,440円
サイズ：43×38×12cm
重さ：5.5kg
回転数：33 1/3、45回転

TEAC
ターンテーブル
（TN-350）

薄型でスタイリッシュなデザインに、天然木の木目が重厚感を出す。USB端子があり、パソコンに保存が可能。カートリッジの交換と針圧の調整もできる。

メーカー：TEAC
価格：56,160円
サイズ：42×36×12cm
重さ：4.9kg
回転数：33 1/3、45回転

プレーヤーは中古でもOK？

中古でもOK 試聴をしてみよう

中古で買うメリットは、高性能のモデルを安く買えるということ。デザインのかっこいいヴィンテージものにも出会えます。
買うときは、実際に各部の機能に問題がないかしっかり確認して、試聴をさせてもらったほうが安心。お店によっては中古品でも期間限定の保証がついている場合もあるので、店員さんに確認してみましょう。

☑ ここには気をつけて！

☐ 修理不可

壊れた場合に、部品が生産中止になっているなどの理由で、修理ができない場合がある。

☐ 目立つキズ、汚れがある

内部も影響を受けている可能性があるため、動作に問題がないか確認すること。

☐ メンテナンスがされていない（ジャンク品）

購入者が自分でメンテナンスをする必要があり、初心者には不向き。

☐ 針がついていない

中古品は針が別売のことが多い。そのモデルに合う針も探さなければ聴くことはできない。

TEAC
SC35C
6,980
M-44G
6,980
商談中
発送は有料により承ります
139,800
20,000
新製品!!
49,800
10,000
12,000
中古品
39,800
42,800
43,800

プレーヤーを設置するときに気をつけることは？

ゆれないところに水平に置く

プレーヤーを設置する場所選びは、音にも影響を与える大事なポイントです。気をつけたいのが「ゆれない場所」であること。ゆれると針飛びの原因になります。でも、特別な費用をかけて立派な設置場所をつくらなくても大丈夫。あくまで、自分の生活範囲のなかで、〝大切に扱える場所〟を見つけてあげれば問題ありません。

☑ チェックポイント

□ 振動が伝わらない

そばを歩くだけで振動するような極端に高い場所は避ける。設置する棚がしっかりしていても、土台が弱いとゆれるので、硬い床面などを選ぶのが◎。

□ ホコリが少ない

ホコリがたまりにくい場所を選んで。ホコリがたまって針飛びの原因になることも。

□ 水平である

傾いていると、プレーヤーや針に負荷がかかり、音が正しく再生されにくい。

□ 直射日光にあたらない

プレーヤーの動力がベルトドライブの場合（p44参照）、寒暖の差や湿気の影響でベルトがのびる場合がある。

はじめてのレコード

レコードを聴こう

STEP 4

さあ、レコードをかけよう！

リラックスしてていねいに

レコードとプレーヤーが揃ったら、さっそく曲をかけてみましょう。はじめは緊張するかもしれませんが、ゆっくりと、リラックスしてていねいに扱えば大丈夫です。気をつけたいのは、盤を指で乱暴にさわったり、どこかにぶつけたりしないこと。キズや汚れの原因になります。もしさわってしまっても、クリーナーや布で拭けば問題ないので、気楽にやってみましょう。

使用プレーヤー
ION AUDIO Archive LP
（商品情報はp41）

1

point
端とセンター・レーベルを軽く持つ

盤を出す

ジャケットから盤を出すときは、指で盤面を荒っぽくつままないように気をつけます。

2

point
慎重に置く。穴にうまく合わないと、センター・レーベルや盤を傷つける

盤をそっと置く

盤を両手で持ち、まずはA面を上にして、ターンテーブルの中心に、盤の穴（センター・ホール）を合わせて置きます。

レーベルをチェックする

センター・レーベルにA面、B面の表示や回転数が書かれているので、確認しましょう。

3

回転数を合わせる

回転数を切り替えるスイッチで、聴きたいレコードの回転数に合わせます。33回転の盤を聴くときは、回転数を33に合わせておきます。

4

針を置く

針の「指かけ」を軽く持ち、盤に近づけるとターンテーブルが回りだします。針を置くのはドキドキの瞬間ですが、まずはゆっくりと、リラックスして。

point

針を置く場所は、盤のもっとも外側の音溝の始まるところ。ここが1曲目です。

鳴った!

ボタンのあるプレーヤーの場合

ターンテーブルをまわす

オールインワンプレーヤーは針を動かすと自動で回るタイプが多いですが、そうでないターンテーブルは、「スタート／ストップ」ボタンを押して、ターンテーブルを回転させましょう。

point
針は真上に
持ち上げる

5

針を戻す

聴き終わったら、針を盤から上げ、もとの場所に戻します。盤の回転は自動で止まります。

ボタンのあるプレーヤーの場合

針を戻して
盤の回転を止める

まずは針を戻しましょう。針を戻したら「スタート／ストップ」ボタンを押して、回転を止めます。

聴き終わったら……

①と同様に、盤面をつままないようにして、ジャケットにしまいます。そのまま置いておくと、盤上にホコリがたまったり、盤を傷つけたりする原因に。大切なレコードの保護のためにも聴き終わったら片づけましょう。

6

裏返す

盤の両端を両手で持ち、持ち上げてB面に裏返します。ターンテーブルに置くときは②と同じ。

レコードならではの
ノイズも味わい深い。
じっくり聴こう。

☞ 3曲目から聴きたいとき

2曲目と3曲目の間を探す

曲と曲との間は、写真のように音溝がなくツルツルしている。外側から3番目のツルツルが3曲目のはじまりです。

ツルツルした部分の幅は意外と広いので慣れれば簡単!

3曲目のはじまりに針を置く

うまくいけば、2、3秒無音が続いたあと3曲目がはじまる。何度もお気に入りの曲を再生しているうちに、ぴったり針を置けるようになる。

☞ 7インチのドーナツ盤を聴きたいとき

アダプターを置く

ターンテーブルの中心にドーナツ盤用のアダプター（p94参照）を置く。アダプターはプレーヤーに付属している場合もある。

アダプターに合わせて盤を置く

盤の穴とアダプターを合わせて置く。ドーナツ盤はたいてい45回転なので、回転数を切り替えるスイッチで「45回転」に設定する。

KINKS

レコードにまつわる そぼくな疑問〈聴く編〉

？ レコードをできるだけ劣化させないために、聴くときにできることはありますか？

盤と針の定期的なクリーニングを推奨します。レコード盤のクリーニングが一番の基本です。新品で買ってきたレコードなら通常の乾式クリーナーでOK。でも、古いレコードや、中古で買ってきたレコードはより強力なクリーナーがあると安心です。普段は乾拭《からぶ》きでホコリをとれば良いのですが、汚れがひどいときは雑巾がけをするのと同じように、湿式《しっしき》のクリーナーがおすすめです。

？ レコードには表と裏がありますが、どう違うのでしょうか？

レコードは両面に溝を刻むことが可能で、EPなら1曲ずつ、LPなら4〜5曲ずつを収録できます。表と裏で音質が変わることはありません。表に当たる面を「A面」、その裏面を「B面」と呼びます。2枚組の場合は、「C面」「D面」と続きます。シングル盤の場合、ラジオなどでプッシュしたい曲を収録したのが「A面」です。LPの場合は、A面の1曲目から始まってB面の最後の曲で終わるという構成になっています。

できるだけ良い音でレコードを聴きたいのですが、やっぱり価格が高いプレーヤーほど音が良いのでしょうか？

大雑把にいえば、当然高級品ほど良い音がする傾向があります。ただ、選ぶときには価格の前に、まずはプレーヤーによる機能の違いを確認してください。プレーヤーには大きくわけて3通りあります。

①1台で音を出せるタイプ

②手持ちのステレオやヘッドフォンアンプにつないで音を出すタイプ

③プレーヤー本体以外に針先の部分や、フォノイコライザー部がすべて外付けのマニアタイプ

です。

また、特に③の場合にいえることですが、針先部分（フォノカートリッジ）とフォノイコライザー部（増幅回路）のマッチングがわるいと、せっかくの高級品が性能を発揮できなかったり、さみしい音しか出ずがっかりすることもありえます。

もちろん、まったく聴けないわけではないのですが、どうせなら良い音を出したいのが人情。オーディオにこだわりたくなったら、お店の人に相談しましょう。

その時は、プレーヤーをつなぎたい、手持ちのオーディオ機器のメーカー、型番を調べておくと話もスムーズです。どうせなら、音楽の好みや部屋の大きさなども伝えて、ベストなものを教えてもらいましょう。

レコードを聴いていたときに、別のレコードがどうしても聴きたくなったのですが、途中で針をあげても大丈夫なのでしょうか？

まったく問題ありません。針を上げるときにあわてて手元を狂わせて、盤を傷つけたりしないように注意しましょう。

針が折れたのでお店に行ったら、針やカートリッジがたくさん並んでいて、どれを選んで良いのかわかりませんでした。なにが違うのでしょうか？

まず、プレーヤーによってそのプレーヤーでしか使えない専用針と、プレーヤーをまたいで使える汎用性のあるものにわかれます。自分が使っているプレーヤーがどちらかを確認しましょう。（専用針の交換については77ページ参照）

針先が交換できるタイプを使っている方は、違った種類の針にも挑戦できます。一般的なブランドとしては、ナガオカ、オーディオ・テクニカ、シュアなどがあり、メーカーによって少しずつ音質も違います。

ナガオカは品質に対して割安なのが特徴で、普遍的な音質。

オーディオ・テクニカはＶＭ型という独特の型式を持ち、力強い音質。

シュアはＤＪ用に重宝されているＭＭ型の元祖で、のびやかで自然な音質に特徴があります。

ちなみに、もうちょっとマニアックなものにＭＣ型もあります。性能は良くなりますが、高級品になり、ＭＣ型を使える多くの機種では針交換ができない構造になっています。針が減ったときには、なんと本体ごと交換が必要になってしまいます。

針圧ってなんですか？

プレーヤーの針からレコードにかかる重さの度合いを針圧といいます。カートリッジによって標準の針圧が指定されていますが、針圧を少し軽く（重く）することで、回転を安定させたり、自分好みの音に調整することができます。

プレーヤーを買い換えるお金はないので、今持っているプレーヤーでより良い音にしたいです。できることはありますか？

一番の基本は、掃除（クリーニング）です。レコードは溝に針を通して音を出すもの。レコード盤や針が汚れていると、音質がわるくなるのも当然です。そればかりでなく、レコード盤に傷がつくかもしれません。針の減り方も早くなります。

レコードの掃除はレコードクリーナーを使い、針の掃除はこれも市販のスタイラス・クリーナーを使ってください。

ここでちょっとだけ注意を。一般的なスタイラス・クリーナーで使われているアルコール成分は、針を固定している接着剤を傷めることもあります。だからひんぱんに使わず、音がわるくなったなと感じたら、掃除をしましょう。

レコードは聴いているうちにだんだんと盤がすり減ってくるのではと心配になります。盤に寿命はあるのでしょうか？

厳密に言えば、寿命はあります。塩化ビニールの盤に掘られた溝を硬い針でなぞって音を出すという性質上、目に見えないレベルで溝は少しずつすり減っていきます。ですが、通常のレコードは数千回の再生に耐える性質となっているため、急激に盤がすり減ってしまうことはありません。それほど回数を聴いていないのに音が極端にわるくなる場合は、プレーヤーの針圧設定が過度に重くなっていたり、ＤＪでのスクラッチなどで故意に同じ場所をこすったりしたケースが考えられます。

とても薄い材質で作られたソノシートなど、数回の再生で音がわるくなってしまうものもありますが、あくまでそれは例外です。

レコードの
ある暮らし
その2

真鍋大度

ライゾマティクス
／メディア・アーティスト

プロフィール

まなべ・だいと。1976年生まれ。最先端の技術を使った数多くの作品をつくり出す。2006年に株式会社ライゾマティクスを共同で創業。プログラミングを駆使し、ジャンルやフィールドを問わず、様々なプロジェクトに参加している。

100％正解じゃなくていい楽しさ

Perfumeのプロジェクション・マッピングでのライヴ演出など、最先端のメディア・アートで世界的に名高い真鍋大度さん。最新のデジタル・テクノロジーと深く関わる表現に向かい合う真鍋さんですが、じつは幼い頃からアナログ・レコードには親しんできたのだそう。

「祖父がレコード・コレクターで、実家には壁一面がレコードの部屋がありましたし、リスニング・ルームもありました。両親もミュージシャンだったので、子どもの頃から

レコードに針を落とす瞬間が好き

音楽に囲まれて過ごしてましたね。レコードやプレーヤーにさわって、よく怒られてました（笑）」

ＤＪをするときも、可能な限りアナログ・レコード中心。いまだにＣＤＪやパソコンでのＤＪよりもアナログ・レコードでのＤＪが好きなのだそうです。

「アナログのターンテーブルって、何が起きてるのかが全部目に見えるから、ＤＪをやっていても違和感がないんですよ。例えば、針をジャンプさせて再生位置を変えたり、かけたい曲を『どの曲にしよう？』って針を置いて探したりもできる。僕は、ふだんの仕事ではいかに効率化できるかということをひたすら追求

大きな音でレコードを聴けるからという理由で、新しい仕事場に引っ越したのだそう。

してるんですけど、レコードはその逆もアリ。聴きたいと思った曲じゃないところに針を落としてしまっても楽しめる。そのへんの適当具合もアナログ・レコードの良さだと思います。パソコンで検索したら１００％正しい答えが返ってくるけど、レコードは１００％正解じゃなくてもいいんですよ」

デジタルなテクニックを使いながら遊び心を見失わない。そんな作品を生み出し続ける真鍋さんの発想の源泉は、アナログ・レコードとの付き合い方にあるのかも。

音楽をゆっくり聴く時間をもつぜいたく

「海外に行くと、とりあえず昼はレコード屋に行って、夜はクラブに行くという感じです。今や唯一の趣味みたいなものですね。日本でも渋谷や下北沢に行ったときは、仕事の合間をみてレコード屋に寄って新着棚を見たりしますね。『なんでいまだにこんなにレコード買ってるんだろ？　大丈夫かな？』って考えちゃうときもあります（笑）」

レコードは、仕事中のながら聴きではなく、レコードやターンテーブルを備えた行きつけのバーで「飲んでるついでにＤＪしたり、聴いたり」が多いのだそうです。仕事と趣味のＯＮ／ＯＦＦを切り替えながら、自分にとっての大切な時間を過ごす。真鍋さんにとってレコードとは、多忙な日々の時間の流れ方を一瞬で変えてくれるものなのでしょう。

「昔はレコード１枚買ってきたら、みんなを集めて、部屋を掃除して、お香を焚いて、目を閉じてみんなで正座して、針を落とす、みたいな会とかやってたんですよ（笑）。新し

レコードはジャンル別に並べているが、「時間があればアルファベット順にしたい」と真鍋さん。

いレコードを聴くっていうのはそれぐらい一大イベントだったんです。音楽の聴き方として、アナログ・レコードって時間の流れがちょっと変わる。音楽をゆっくり聴く時間をもつぜいたくというのを、僕は大事にしたいんですよ。レコードに針を落とす瞬間の行為というのは、ちょっと神聖な感じがするんです」

棚を探すうちに思いがけないレコードを引き当てて、思わず手が止まる瞬間も。

こだわりのプレーヤー

ターンテーブル：Reloop RP-8000
ミキサー：Allen&Heath XONE：92
スピーカー：Musikelectronic RL906

とっておきの1枚

Archie Whitewater
『Archie Whitewater』

「選んだ理由は特にないです(笑)。もう1枚とか選べないんですよね。今1分くらいで探したなかで、1番とっておきのものにしようと思って選びました。最近かけてないのもあって、久々に聴いてみたいと思った1枚です。ヒップホップの元ネタを発見するのが楽しくて集めていた時期があって、そのときに買ったものだと思いますね」

SMALL TALK ABOUT RECORD

VOL.2

音の鳴るしくみ

レコードの細い溝を針がなぞることによって、その振動がプレーヤーを通じて電気的に増幅され、音楽になって聞こえてくる。それがレコードから音が鳴る仕組みです。しかし、字で書くと簡単でも、実際にそれを想像しようとしてもよくわからない部分も大きいと思います。

レコードの元になるラッカー盤をつくる工程を「カッティング」といいます（34ページ参照）。カッティングとは、平たい盤に音の情報を溝のかたちで掘っていく作業です。肉眼では同じような幅で均等に溝が走っているように見えるかもしれませんが、複雑で膨大な音楽の情報を刻みつけるにあたって、実は拡大して見てみると、レコードの溝は驚くほどでこぼこだったり、ゆがんだりしていることがわかります。

左右のスピーカーやヘッドホンから違う音が聞こえてくる「ステレオ」効果も、レコードに刻まれた一本の溝から生まれています。溝は1本しかないのに音の違いを表現できるのは、わかりやすくいうと、溝の左右の壁に別の情報が刻まれているからです。

1950年代後半に、この画期的なステレオ方式が実用化されたことで、いままで単一の音しか表現できなかった「モノラル」方式のレコードは徐々に姿を消していきました。ですが、1960年代のEP盤の音の迫力など、モノラル盤特有の魅力を愛する人は今でも少なくありません。

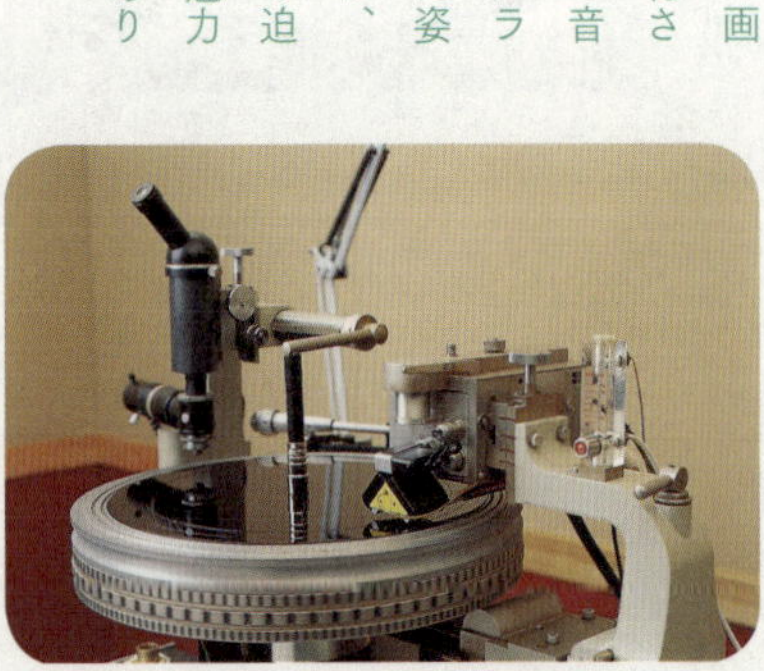

東洋化成（株）で使われている、カッティングマシン。（p34参照）
【写真提供：東洋化成株式会社】

はじめてのレコード

第3章

収納とお手入れ

正しい収納のしかたは?

高温多湿を避けて垂直に立てる

レコードは、高温多湿なところに置くと劣化が進んでしまいます。なるべく直射日光を避け、風通しの良い場所に保管しましょう。

もうひとつ大事なのは、本のように垂直に立てて保管すること。こうすれば、盤に変な方向から力がかかることがなく、盤の反り（20ページ参照）を防ぐことができます。

☑ チェックポイント

□ ななめに置かない

ななめにしておくと、盤に力がかかって反ってしまう。垂直に立てておくこと。

□ 積み重ねない

積み重ねると、盤の重みで盤が反ってしまうことになりかねないので要注意。

□ 直射日光にあてない

太陽の熱で盤が反りやすくなる。紫外線でジャケットが焼けて色あせの原因に。

□ 湿気を避ける

湿気は盤やジャケのカビの原因。風通しの良いところに保管しよう。

みんなの収納

買ったレコードは、
みんなどう収納しているの？
持っている枚数や部屋に合わせた
工夫がいろいろありました。

持ち運びにも便利 ペンキ入れのバケツ

MARIIさん
（「THERME GALLERY」オーナー）

ギャラリーの展示を入れ替えるときに壁をペンキで白く塗り直すのですが、そのときに使っていたペンキ入れ用のバケツが、7インチレコードを入れるのにぴったりでした。ギャラリーでレコードをかけることもあるので、家から持って行くときにも便利です。

12インチは、閉店してしまうレコードショップからゆずりうけた棚に入れている。

部屋の間仕切りになるオーダーメイドの棚

片山貴之さん（ランドスケーププロダクツ）

レコード用にオーダーメイドした棚です。奥行きがあるので、レコードをしまっても、部屋の中にレコードがあることをあまり意識させません。また、この棚が部屋の空間を仕切る壁としても機能してくれるので、本棚との間に作業スペースを作っています。

1ブロックごとに約120枚のレコードを収納。購入は棚に入る分だけと決めている。

ラベルは手づくり　レコードを隠せる収納

松井一平さん（画家）

備え付けの棚の高さが上段が7インチ、下段が12インチにぴったりで活用しています。以前は、雑に積んであったり、普段から目につくような収納でしたが、扉を閉めて、レコードが見えなくなるところも気に入っています。日光も遮られるので一石二鳥です。

紙にジャンルとアーティストのアルファベットを書き、クリアファイルに挟んで仕切りに。

レコード専用のアルバムに写真を入れるようにしまう

齋藤春菜さん（編集者）

レコードのある生活をはじめたばかりで、まだ枚数も少なく、収納は、本と本の隙間に差し込む状態……。そんなとき、渋谷にあるレコード&雑貨店「moja」で、レコード専用のアルバムを見つけました。1枚1枚写真を収めるような気持ちで、しまうのも楽しくなりました。

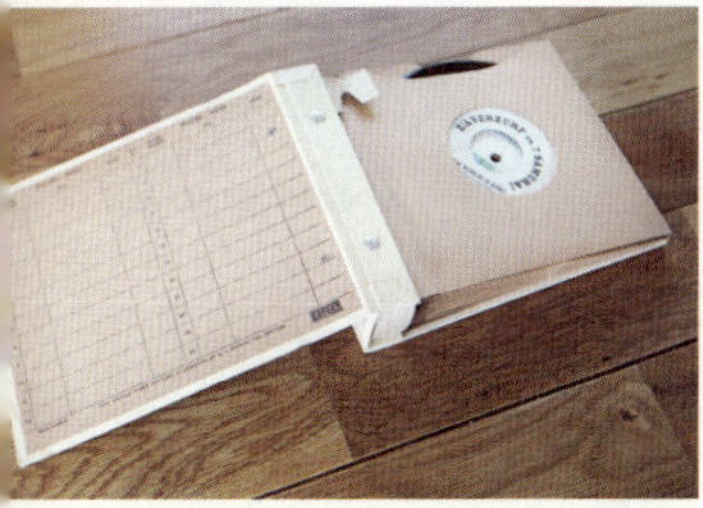

レトロでかわいい。店長さんがアメリカで見つけたそう。レコード名などを記録できる。

お手入れはどんなときにするの？

気づいたときに愛情をこめてする

プレーヤーや盤にたまったホコリは、盤や針を傷めたり、ノイズの原因になります。目で見て気になったり、聴いてノイズが気になるときはやさしくホコリを拭き取っておきましょう。

お手入れの頻度は使用環境によって異なりますが、手間ひまをかけて扱えば、その分だけ長く良い状態で使えます。

1

盤のお手入れのしかた

日常的なお手入れ ——クリーナーで拭く

盤上のホコリを拭き取ります。聴く前に行なうと、より良い音で楽しめます。

盤がプレーヤーからはみ出るタイプは安定しないのでNG

1 **安定した場所に置く**

盤を置いた場所にホコリがあると余計に汚れがつくので、ホコリのない場所に置く。プレーヤーにのせて作業しても良い。レコードの扱いに慣れたら、手で持って作業しても良し。

point

作業用のマットも販売しているが、ホコリがつきにくいレコードの内袋の上に置くのも良い。

軽い力でやさしく。溝のない中央部分のホコリもしっかり拭き取る

2 **ホコリを拭き取る**

レコードの溝に沿ってホコリを拭き取っていく。裏返すと、またホコリがついてしまうので、聴く面ごとに作業するのがおすすめ。

point

傷になりやすいため、溝に逆らって拭かない。拭く方向は基本的には時計回り（レコードの回転する方向）。

用意するもの

☞レコード用クリーナー
そのまま拭く「乾式」タイプと専用の液とあわせて使う「湿式」タイプがあります。サイズの大小もさまざま（商品情報は p78）。

しっかりとお手入れ

——洗浄液で洗う

カビや汚れがひどいときは、専用の洗浄液を使って盤の洗浄をします。

1

洗浄液を落とす

盤を安定した場所に置き、ぐるっと一周、洗浄液を落とす。10円玉大くらいで6〜8滴が目安。

2

盤の溝に沿って広げる

まんべんなく広げる

持ちやすい大きさに折った専用クロスを使って、盤全体に洗浄液を広げる。溝のない中央部分にも液が行きわたるように。

3

拭き取る

クロスの乾いた面を使って、溝のあいだに液を押し込むように、力を入れて盤を拭いていく。しっかりと乾かしてから聴こう。

盤が動かないようレーベル部分を押さえ、盤の溝に沿って拭く

仕上げ剤のあるものは

このあとに仕上げ剤を使って①〜③を行なう。その際には、洗浄剤で使ったクロスとは別の1枚を使う。

用意するもの

☞レコード洗浄液
☞専用クロス（1枚でレコード2、3枚が目安）

洗浄液は1本のものも多いですが、メーカーによって仕上げ剤があるタイプもあります（商品情報はp78）。

2

プレーヤーのお手入れのしかた

プレーヤーに手垢がついてしまったり、ホコリがたまっていたら、盤にホコリがうつらないように、きれいにしておきましょう。

洗剤などは
使用しない

拭く　乾いた布などで全体を拭く。特に、汚れが気になる箇所は固く絞ったぞうきんなどを使用すると良い。

針にはふれない
ようにする

ゴミを払う　布類では拭けないような細かい箇所にたまったホコリをかき出すように、ブラシで払う。

用意するもの

☞ぞうきん、ハンカチなど

☞ブラシ

100円ショップなどで購入できるペンキ用ハケやホコリをとる掃除用品などでOK。ぞうきんはきれいなものを用意しましょう。

3

針のお手入れのしかた

日常的なお手入れ
——乾いたブラシで払う

針についたホコリなどを、除去します。針は盤の溝に入ったホコリをすくうので、意外とゴミがたまっています。

用意するもの

☞乾いたブラシ

カートリッジを購入した際に付属されているものや、100円ショップなどで購入できる化粧用のブラシや絵筆などを利用しましょう。

1 アームを持ち上げる

高い位置までアームを持ち上げて、手でしっかりと固定する。

必ず〈根元→前〉！

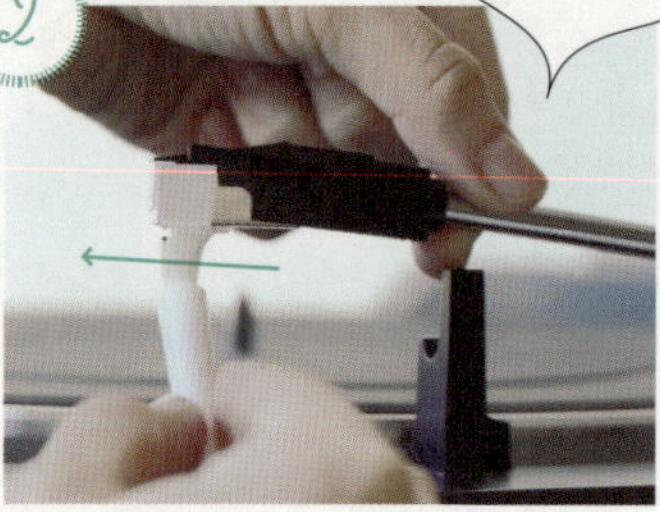

2 ブラシを針に当ててホコリを払う

ブラシを針の根元のほうから前へ動かして2、3回、ホコリを払う。前から根元へ動かすと、針が折れたりする可能性がある。

しっかりとお手入れ
——専用のクリーナーを使う

盤の洗浄同様、ちょっとやそっとでは取れない汚れがついてしまったときには液を使いましょう。

用意するもの

☞スタイラス・クリーナー（商品情報はp78）

針専用の洗浄液。1個持っておくと安心。定められた消費期限もないため、長期間使えます。

1 アームを持ち上げる

できるだけ針がよく見えるように、可能な位置まで上げて固定する。

レコードをかけるときは、液がしっかり乾いてから！

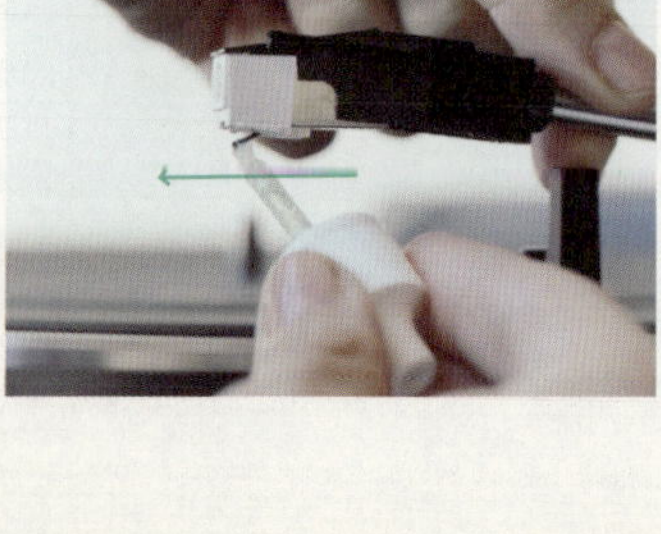

2 液がついたブラシで針を払う

針以外の部分になるべくつけないように注意しながら、1、2回液をつけたブラシで、針の根元のほうから前に針を払う。

針は古くなったら交換しよう

針は消耗品。聴くたびに、少しずつ劣化してしまいます。お手入れをしても、音が良くならない場合には、そろそろ針の交換時期です。

針は、プラスチックのカートリッジに付属しているものがほとんどで、交換自体はさほど難しくありません。

ただし安価なプレーヤーの多くは、専用の交換カートリッジがあり、どんなものにも交換できるというわけではありません。

専用の交換カートリッジを買いに行く前に

カートリッジそのものには型番などは書かれていない場合が多いので、交換したいカートリッジを取り外してお店に行っても、何を買っていいかわからない場合もあるでしょう。専用のカートリッジが決まっているタイプの型番は、プレーヤーの背面などに記載されているケースが多いので、確認してからお店に行きましょう。もしくは、取扱い説明書を確認、持参します。

1

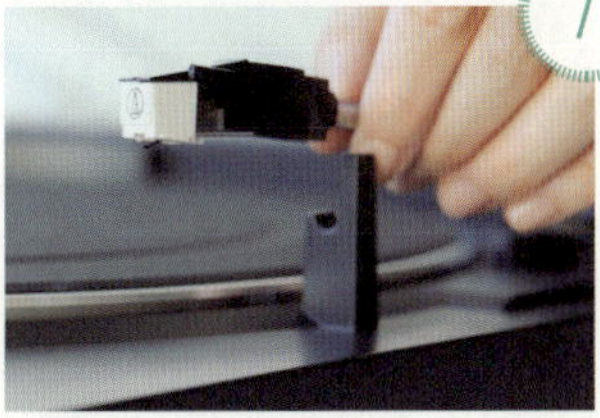

アームを持ち上げる

作業がしやすいように、アームを持ち上げたら、しっかりと動かないように手で持って固定する。

これが交換するカートリッジ部分。

2

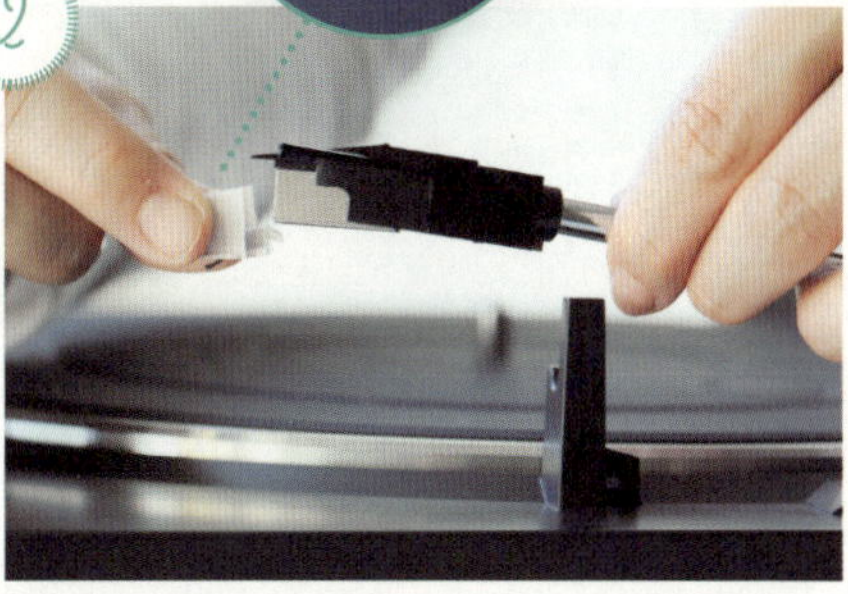

カートリッジを取り外す

接続部の構造に合わせてカートリッジを取り外す。

3

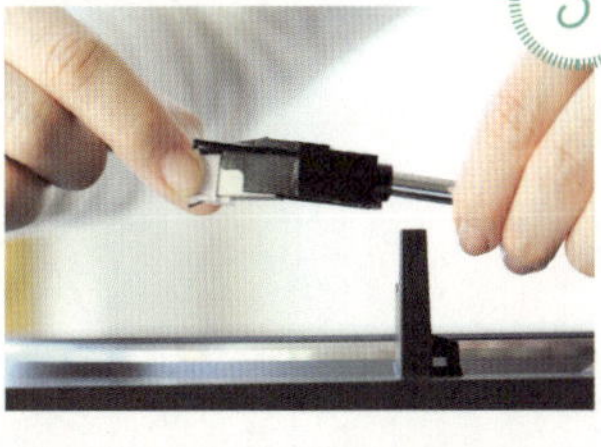

新しいカートリッジを取り付ける

針にふれないように注意しながら取り付ける。カチッと音が鳴るところまで、しっかりと入れる。

おすすめお手入れグッズ

レコードや針のお手入れをするときに役立つグッズを紹介します。

※すべて参考価格です。

1

レコードの汚れを吸着する不織布。毛ば立ちしない特殊な加工がされている。専用クリーナー液「レコクリン200」と合わせて使用する。50枚入り。**「レコクロス50」648円／ディスクユニオン**

2

レコードクリーナー液。汚れだけを浮かせる電解水を使用。人体や環境に有害な物質を含まないので、手肌にも優しい。除菌や消臭効果もある。**「レコクリン200」1,512円／ディスクユニオン**

3

針をクリーナー表面に軽くタッチさせると汚れがとれる、針のクリーナー。ケースのフタはルーペになっていて、針先の汚れのチェックにも使える。**「ゼロダスト・スタイラスチップクリーナー」2,138円／オンゾウ・ラボ**

4

針先専用液体クリーナー。速乾性タイプ。**「スタイラスクリーナーAT607」518円／オーディオテクニカ**

5

針先専用液体クリーナー。針の老舗「ナガオカ」から発売。**「ハイクリーン801/2」756円／ナガオカ**

9

クリーナー「バランスウォッシャー」と専用クロス「ピスコ」。洗浄液の「A液」と仕上げ剤の「B液」を使用することで、デリケートな盤の汚れをしっかり落とせる。**「バランスウォッシャー 33&ピスコ」2,557円／レイカ**

8

マイクロファイバー製レコードクリーニング用クロス。水洗いして固くしぼり、そのまま拭いて使用する。ラベンダーとモカシンの2色1セット。**「SKC-2 STATIC KILLER CLOTH」1,234円／サウンドステージ**

7

レコード用クリーナー。静電気をおさえる専用の液付きで、乾式でも湿式でも使用可能。12インチの盤面をひと拭きのワイドタイプ。**「レコードクリニカ EP/LPレコード専用AT6012」1,728円／オーディオテクニカ**

6

レコード用クリーナー。ベルベット地の面が盤面のホコリを拭き取るロングセラー製品。ケースについている刷毛でベルベット地にたまったホコリを落とす。**「アルジャント118」1,296円／ナガオカ**

レコードにまつわるそぼくな疑問〈お手入れ・その他編〉

? レコードにカビが生えていました。取り除くことはできますか?

専用のレコード洗浄剤を利用することで多少の回復はするかもしれません。

まずはカビを取り除く努力をしましょう。レコード用のクリーニング液(商品情報は78ページ)で掃除をします。やってみないとわかりませんが、きれいに取れることもあります。

でも、きれいに取れたはずなのに、なぜか雑音がする、ということもあります。それは、カビがレコードの塩化ビニールを侵してしまったから。この雑音は残念ながら取ることはできません。でも、ほおっておいたらもっと大きな浸食を許すことになるので、カビを見つけたらクリーニングしましょう。

また、このレコードの入っていた内袋が要注意。カビの胞子が付いていて、きれいにしたレコードをそのなかに入れると、再びカビる原因に。完全にレコードが乾いてから、新しい内袋にしまいましょう。内袋はレコードショップなどで複数枚セットで販売されています。

レコードの保存方法が悪かったのか、気付いたらレコードが曲がっていました。まっすぐになおせますか？

熱を利用した圧着プレッサーが市販されていますが、高額です。DIY的に修繕するのであれば、ガラス2枚を用意してレコードを挟み、ドライヤーなどでレコード盤に緩く熱を加えることでなおることもありますが、おすすめすることではありません。

東京・下北沢のJET SET TOKYO（お店情報は118ページ）など、反りを無料で直すサービスを行なっているお店もあるので、近くの方は利用してみるのもアリです。

久しぶりに聴こうと思ったら、レコードにビニ焼けがおこっていました。きれいにする方法はありますか？

残念ですが、完全な修復は無理かもしれません。試す価値があるのはレイカ社のクリーナーです。A液（洗浄液）で掃除をして、B液（仕上げ液）で仕上げをすると、症状が改善されることがありますよ。

あやまって盤面を爪でこすってしまい、レコードに傷が入ってしまいました。傷をなくすことはできますか？

残念ながら、修復はできません。傷をつけないように気をつけましょう。

音が鳴らなくなったのですが、原因がわかりません。まずなにをチェックすればいいでしょうか？

針が付いているか、ケーブル類はきちっと繋がっているかを、まず確認しましょう。説明書を持っていれば、トラブルの対処方法が出ているはずなので、確認してみましょう。それで原因がわからなければ専門家の出番です。レコード・プレーヤーを扱っているお店に持っていくか、製造メーカーに問い合わせをしてください。

レコードに水をこぼしてしまいました。大丈夫でしょうか？

きつく絞ったきれいな布で優しく拭き取り、自然乾燥をさせてください。こぼした水がきれいなものであればいいのですが、白くシミになってしまうこともあります。できれば、湿式のクリーナーで掃除をすると◎。

買ったレコードが持っていたものと同じでした。1枚を売りたいのですが、買ったお店に持っていっても良いですか？

新品、中古に限らず、あらかじめ特記されていないレコードの不良（傷による針飛び、ソリ、中身違い、ジャケットの破れなど）があった場合は、買ったお店で返品、返金をしてもらえます。買った際のレシートが必要となりますので、保管しておきましょう。ただし、買ったレコードがすでに持っていたものと同じという場合は、お店に落ち度がありませんから、返品や、同額の返金は基本的に不可能です。買取窓口で通常通りの査定をしてもらうことになります。また、新品で一度も針を落としていない盤でも、いったん開封してしまうと査定は中古盤扱いとなります。

引越しの際にどうしても処分しなければならないレコードがたくさん出てきました。どんなレコードの状態でも売ることはできるのでしょうか？

処分したいレコードは、基本的には中古レコード店で買取をしてもらえます（未成年の場合は親の承諾書が必要）。直接店頭に持ち込む場合は1枚から買取してもらえますし、手では持ち運べないほど大量の場合は宅配便での受付をしてくれるお店もあります。

ですが、状態が極端にわるいレコード、ジャケットがないレコードなどは買取してもらえない場合がほとんどです。また、お店側で在庫が過剰になっていたり、中古盤としての人気がない盤も買取の対象外になる場合があります。事前に電話やインターネットで問い合わせをしてみるのが良いでしょう。

割れてしまったレコードを捨てたいのですが、なにゴミとして捨てればいいですか？

よほど大量でなければ「可燃ゴミ」として捨てることが可能です。住んでいる地域によって区分が若干異なり、「不燃ゴミ」として扱われる場合もあるので、自治体のホームページなどで確認すると良いでしょう。

なお、ジャケットは「古紙」「資源ゴミ」扱いとなりますので、捨てる際には盤とはわけておきましょう。

レコードの
ある暮らし
その3

髙城晶平

cero／ミュージシャン

プロフィール

たかぎ・しょうへい。1985年生まれ。３人組バンドceroでボーカル、ギター、フルートなどを担当。多くの曲で作詞・作曲も行う。2011年に1stアルバム「WORLD RECORD」、2012年 2nd アルバム「My Lost City」、2013年1st シングル「Yellow Magus」、2014年2nd両A面 シングル「Orphans / 夜去」をカクバリズムからリリース。ソロとしてDJや弾き語りも行う。

きっかけは父が毎月送ってくれたレコード

今やインディーのくくりを大きく超える活動をしているバンドcero。その中心メンバーで、ヴォーカリストの髙城晶平さんは、この世代では屈指の音楽リスナーのひとり。幅広い音楽知識や旺盛な好奇心をもつきっかけには、アナログ・レコードが大きく関わっています。

「僕の実父はもう亡くなっているんですけど、かなりのレコード・コレクターだったんです。なので生まれたときからレコードには囲まれているような環境でしたね。赤ちゃ

レコードってライヴみたいな音がする

んの頃の写真を見ると、レコード・プレーヤーの上に乗せられてるようなものもありましたし（笑）」

ところが、あまりにもレコードが身近すぎたせいか、それとも「90年代の渋谷系と最近のアナログ・リヴァイヴァルの谷間」の世代だからなのか、意外にも高校生ぐらいまでは、ちゃんとレコードを聴いていなかったそう。

「高校の頃、父親が自分の使ってたターンテーブルを僕にくれたんです。その頃、父親は僕らとは遠く離れて暮らしていたんですが、プレーヤーをくれてから月に1枚くらいのペースで、レコードを送ってくれるようになった。そこには『夏といえば俺はソフト

髙城さんが働くRojiでのヒトコマ。1枚のレコードからお客さんと話が盛り上がる。

ロックが聴きたくなる。がんがんにクーラーかけてね』みたいなことを書いた手紙が添えてあって。そういうやりとりをきっかけにその周辺のレコードもいろいろ聴くようになったりして、CDとの違いをだんだん実感するようになりました。レコードって、針でこすって得られる音を増幅させてる。盤そのものが鳴っていて、いわばライヴみたいな感覚があるんですよ」

レコードから得たたくさんのインプット

父親が亡くなったとき、その膨大なレコード・コレクションは髙城さんに受け継がれました。ダイニング・スペースに置かれたプレーヤーで、その棚から引っ張り出したレコードを食事をしながら聴くのが、今も日課のようになっているそう。

「残されたものが全部CDやデータだったら、こういうふうには継承しなかったと思うんです。レコードは、見ちゃうし、聴いちゃいますよね。それに、僕はブラック・ミュージックやニューウェイヴ、ブラジルものが好きなんですが、父親はロックが好きだったので、音楽の良い勉強という面はありました。自分ひとりでは絶対にたどり着かなかったであろうタイプのレコードも、家にあったから聴いたし、そこからもたくさんインプットを得て自分の音楽に活かせたし。父親のレコードには未知のものがまだいっぱいあるんです。だから、僕のディグ（＝レコードを見つけ出す行為）といえば、もっぱら家なんです（笑）」

ceroの活動と並行して、髙城さんは母親がはじめた東京・阿佐ヶ谷のバーRojiで働いています。そこに集うのは友人やミュージシャン、さまざまな世代のお客さん。カウンターにはレコード・プレーヤーもあり、彼がセレクトし

その日に買ってきたレコードや友人のミュージシャンのレコードをかけることも。

た音楽や、今聴きたいと思うレコードが店内に流れています。そこから生まれる会話や新しいつながりが、毎日の生活やceroの音楽を豊かに彩っていくのでしょう。ここでもまた、レコードが大切な役割を果たしているのです。

自宅のレコード棚。父の遺したレコードと
自分のレコードが混ざる最良のディグ環境。

こだわりのプレーヤー

〈Roji(写真)〉
ターンテーブル：NEU DD1200mk3
〈自宅〉
ターンテーブル：Technics SL-1200MK3
アンプ：Accuphase E-406
スピーカー：TANNOY

とっておきの1枚

小坂忠
『ありがとう』

「父親の財産として受け取ったもののひとつ。『どろんこまつり』という曲は発禁で、レコードでしか存在しません。この1枚をヒントに1stアルバムの『21世紀の日照りの都に雨が降る』という曲ができました。父親から受け継いだもので一番ダイレクトにアウトプットされた作品。レコードで聴いたときにCDなどとは印象が違うと感じます」

SMALL TALK ABOUT RECORD

VOL.3

ノイズとのつきあい方

レコードは、CDとは違って音を刻んだ溝がむき出しになっています。そのため、さわっているときにうっかり傷をつけたり、保管しているときの不注意などでノイズが発生してしまう場合が少なくありません。また、中古盤を購入するときは、ある程度のノイズがあることは最初から想定しておいたほうがいいでしょう。

　レコードから聞こえてくるノイズには、いくつも種類があります。盤面についた傷によって発生する「プチプチ音」タイプ。あまりにもそのレコードを聴きすぎたか、品質のわるい針で聴いたために盤がすり減ってしまったために出る「シャリシャリ音」タイプ。レコードを保護するビニールの内袋の経年変化によって盤が化学変化して白く濁る「ビニ焼け」（20ページ参照）のために出る「サーサー音」タイプ。盤の内側に進むにしたがって細くなるレコードの溝の性質上、前半は問題なくても後半からノイズが発生する盤もあります。

　明らかなプレスミス（製造工程での不良）なら仕方ありませんが、中古盤の場合、ノイズは、そのレコードがどういう聴き方、扱い方をされてきたかを示す歴史の表れでもあります。言い換えれば、それはレコードが愛された証でもあるのです。自分の知らない時代、知らない誰かが同じレコードを聴いていたことを想像しながら、ノイズに耳を傾けてみるのも楽しいものですよ。

はじめてのレコード

第4章

レコードをもっと楽しもう

レコードを集めよう！ ○○買いのススメ

レコードの楽しさは“掘る”ことにある！

好きなバンドやアーティストのレコードを買うのはもちろんうれしいけど、さらにレコードを楽しむために、こんな買い方をしてみては？　初めて見るレコードでも、手にとってみたら、気になる手がかりがいくつもある。自分好みの1枚を見つけ出すための、ちょっとした冒険のヒントを公開します！

ジャケ買い

写真やイラストを大きくレイアウトしたジャケットには、それだけで美術品を見るような楽しみがある。ファッション、アート、美女ジャケ、猫ジャケなど、直感で好きだと思えるデザインから音楽に入れるから楽しい！

カバー曲買い

アルバムの裏ジャケやシングル盤のラベルで曲目を見て、聴き覚えのあるヒット曲や、自分のお気に入りの曲タイトルを探してみよう。もしかしたら「あれ？　わたしの好きな曲をあんな人がカバーしてる！」って思いがけない発見もあるかも。

レーベル買い

好みのレコードを買い揃えていくと、同じ会社（レーベル）から発売されているものが何枚かあることに気づくはず。知らないアーティストでも、このレーベルのものなら信頼できそう！　そう思えることがまた新しい扉を開けてくれる。

スタッフクレジット買い
（プロデューサー買い）

自分の好みがわかってきたら、もっと細かくスタッフクレジットを見てみよう。違うレコードを同じプロデューサーが手がけていたり、同じアレンジャーや作曲家が参加していたり、裏方からも音楽の共通点が見えてくる。

各国盤買い

知ってるはずのレコードなのにジャケットのデザインや曲目が違ったり。世界各国で異なる仕様でレコードが発売されることが昔はよくあった。特に独自のジャケットデザインの日本盤シングルは、かわいい小物感覚で買ってみたくなる！

レコードを
もっと楽しもう

STEP 2

見て楽しい特殊盤コレクション

レコードの盤は、黒色の円形だけじゃありません。色とりどりのカラー盤、いろんな形をしたシェイプ盤、写真やイラストが印刷されたピクチャー盤……目でも楽しめるちょっと変わったレコードを集めました。

From Whales To Jupiter,
and Beyond The Stars
To Rainbohemia』
Moonflowers

『I Love You...But I've Chosen Disco Part 2』
Various(Kolour LTD)

『MANIFESTO』
Roxy Music

『HOTEL VALENTINE』
Cibo Matto

『Pops,We Love You』
Various
(MOTOWN)

『CHRISTMAS ROCK』
Various(RHINO)

『APOLLO THROWDOWN』
The Go! Team

『LEGEND』
Bob Marley
And The Wailers

『つけまつける』
きゃりーぱみゅぱみゅ

『Purple Rain』
Prince And
The Revolution

『Merry Christmas
You Suckers』
Various
(Shockwave Recordings)

『TOUCH MY BODY』
Mariah Carey

『MY SONG 5』
HAIM

アクセサリーで個性を出そう!

プレーヤーにつけて音を安定させたり、盤や針のお手入れ時に活躍したり、レコードライフをより快適にしてくれる「アクセサリー」たち。プレーヤーを自分好みに彩る気持ちで揃えてみましょう。

ドーナツ盤用アダプター

〈掲載商品〉①リフトアダプター(PINK/GREEN)②STAINLESS STEEL③AD-653/2④PLASTIC SPINDLE ADAPTER(BLUE/GREEN/RED)⑤JR-30A(WHITE)⑥45 METAL HOLDER⑦GLOW IN THE DARK 45RPM RECORD ADAPTORS(BOX OF 18)

色も素材も形もさまざま置いてかわいい

7インチのなかでも、いわゆる「ドーナツ盤」を聴くのに必要なのがアダプター(54ページ参照)。色や形はもちろん、素材もプラスチックからステンレス、ウッドタイプまで多種多様。プレーヤーの色や部屋のインテリアにあわせて選ぶのも楽しい。レコードのレーベル部分の色にあわせて、1枚ごとに入れ替えるのもあり。プレーヤーに付属していることもあります。

スリップマット

〈掲載商品〉Dr.Suzuki Slipmats

これもスリップマット？

これは「ターンテーブルシート」。スリップマットがすべりやすくするのに対して、レコードをすべりにくく、プレーヤーからの微振動を伝えないようにします。付属のもので問題ありませんが、ターンテーブルシートを換えるだけで音質が変化するのでこだわってみるのもありです。

ゴム製のものがプレーヤーに付属していることも多い。

DJには必需品
家のプレーヤーも
個性的に

スリップマットとは、ターンテーブルの上に置くフェルト製のマットのこと。おもにDJがスクラッチするときなどに、盤をすべりやすくする目的で使う。ショップやアーティストのオリジナルのデザインが豊富で、普段のプレーヤーを個性的にするアイテムとしてもおすすめ。ただし、12インチのものが多く、ターンテーブルが小さいと、はみ出してしまうので注意。

みんなのレコードバッグ

大きさも、かたちもいろいろ。
個性豊かなレコードバッグを
見せてもらいました。

手軽に持ち運び

コーヒーショップのオリジナルバッグ

（松島大輔／「PADDLERS COFFEE」オーナー）

僕のレコード好きが高じて「PADDLERS COFFEE」のオリジナルレコードバッグを作っちゃいました（笑）。マチも広くとり、持ち手や、持ち手と本体の接合部分も頑丈に作っているので、レコードを入れて重くなっても安心して使えます。

レコードバッグとは

7インチサイズのレコードや、12インチサイズのレコードがぴったり入る。レコードの重さに耐えうる丈夫な生地で作られ、かさばらないようマチ部分も広くとってある。

ブックベルトをレコードに利用

（本間良二／スタイリスト）

本を持ち歩く感覚で、レコードを気軽に持ち歩けるのでは？と思いブックベルトでレコードを留めるスタイルを雑誌で提案しました。そのときは、日本のカバンメーカー「吉田カバン」と、セレクトショップ「ビームス」のコラボレーションショップ「B印 YOSHIDA」のものを使用しました。（写真はアウベルクラフト「ブックバンド」）

憧れのレコードレーベルのバッグ

（筒井奈々／編集者）

レコードレーベル「100% Silk」のレコードバッグです。サイドのポケットにレコードクリーナーを入れて携帯できて便利（バッグの中に直接入れると、フタと本体がバラバラになりがち……）。雨の日は、レコードを買った時に入れてくれるビニール製のショッパーに入れてからトートバッグに入れています。

手軽に持ち運べる アウトドアバッグ

（遠藤雅人／音楽関係）

アウトドア用品は、素材が丈夫で軽いので、レコードを数枚入れるくらいにはぴったり。7インチのレコードなら20枚くらい入ります。手軽に持ち運べて、普段使いができるのもいいところ。レコードといっしょに、財布や携帯、本なども入れて愛用しています。

たっぷりのマチが ポイント

（竹島絵奈／学生）

一見わかりにくいのですが、アコーディオンのようにマチ部分が広がるデザインになっていて、レコードを入れるのにぴったり。レコードサイズは7インチです。アートイベント「デザインフェスタ」で見つけた1点物です。半分に折ってクラッチバッグのようにも持つこともあります。

大量持ち運び

レコードショップのレコードバッグ

（原田晶子／補修屋 バーテンダー）

東京・東高円寺にあるレコードショップ「Library Records」のオリジナルレコードバッグです。シンプルなデザインなので洋服に合わせやすいのが嬉しいポイントです。7インチ、10インチが入るポケット付きです。DJイベントに出るときは、ヘッドフォンやCDケースなども入れて行きます。

防水加工で雨の日も安心

（浜田翼／会社員）

名古屋にあるレコードショップ「PIGEON RECORDS」で見つけたレコードバッグです。蛍光のイエローグリーンがかわいくて購入。防水加工されているので、雨の日にはすごく助かりますね。自転車に乗って移動することが多いので、レコードバッグはリュックタイプが便利です。

レコードバッグは、レコードの出し入れ口がしっかり開くような構造になっている。

普段使いのデイバッグを利用

（後藤智志／会社員）

短時間でＤＪをするときは、枚数も少なめなのでデイバッグを使っています。レコード専用のバッグじゃないけれど、マチがたっぷりあって素材も丈夫なので十分使えます。表部分のチャックのついたポケットもついているので、携帯や手帳などこまごましたものと分けられるのも便利です。

アーティストたちのオリジナルも

レコードを愛するアーティストたちも続々とオリジナルのレコードバッグを制作。ホームページやライヴのグッズ販売などで手に入れることができるのでぜひチェックしてみよう。

カスタマイズ

使用済みの封筒を再利用

（松井一平／画家）

軽くて持ち運びやすいものはないかと思っていたところ、緩衝材がはいった封筒をさらに補強して使用したらいいんじゃないかなと思い作ってみました。レコードだけじゃなく、絵具や楽器類、CD、フライヤーなどを入れたりすることもあります。なかに緩衝材が入っている封筒がイイです。

7インチレコードがぴったり収まる。中にもう一袋手作りの収納ケースも入っている。

持ち運びたい枚数（1日2セットのDJでちょうどいい枚数は約70枚）が、ぴったり入る。

理想のバッグをオーダー

寺島英知郎（JUKE SALON）／グラフィックデザイナー

気に入った7インチのレコードバッグがなかったので、オリジナルでデザインしました。ランドセルみたいなデザインとヌメ革の質感が気に入っています。やわらかくて軽いフェルトを使い、肩からかけられるところもポイント。フェルトは二重構造になっているのでレコードの保護性も抜群です。

災害時用リュックサック

（大山のぶ夫／自営業）

アウトドアブランドの非常用持ち出し袋なので、とにかく丈夫です。マチも広くてたっぷり入ります。本体の出入れ口の作りがシンプルなので、ＤＪ中にレコードを選ぶときに見やすいのも気に入っています。数十枚入れて持ち歩くときは、カートで引いて歩くより背負ったほうがラクですね。

FACE RECORDS
Tel 0120-78-45-33
more music
more books
more dig
more fun.
slightly stoopid

教えて先輩!

レコードをさらに楽しむとっておきの方法

レコードの楽しみ方に決まりなんてありません。レコードを愛する先輩たちの、自分なりの楽しみ方を教えてもらいました。

回転数を間違えたり、ノイズが起きたり……

出《で》戸《と》学《まなぶ》さん

4人組バンド「OGRE YOU ASSHOLE」ギター、ヴォーカル担当。メンバー全員がレコード好き。Ust番組「RECORD YOU ASSHOLE」も不定期配信中。

回転数を間違えたり、針飛びやノイズなどが意図せず良かったりすることがあります。The Tornados の『Telstar』という7インチEPの回転数が45回転のところを、間違えて33回転で聴いていたら、それがすごい良かった。

好きなアーティストに今一番好きなレコードを直接質問!

MAYURASHKA《まゆらしか》さん

「80kidz」の元メンバー。2009年に脱退後、DJとして活動。こよなくレコードを愛し、ハウス、ディスコ、インディーロックを日々掘り続ける。

まずはクラブやライブハウスに行ってその時を楽しむ（笑）。外にアーティストがうろうろしてるはずだから、スキを狙って質問！私はそれで新しいレーベルやDJを教え合いっこしたり、iPodの中身で話が盛り上がったりします。

同じレコードを何度も何度も繰り返して1日中聴く

柴《しば》田《た》聡《さと》子《こ》さん

シンガーソングライター。自らの音源のレコードでのリリースも積極的。2014年より自主レーベル「shibata satoko」をスタート。(photo/大野真人)

大好きな曲の7インチのシングルを買ったら、朝聴いて、夜聴いて、家にいるときはずっと聴いて、とにかく何回も聴いて、その度に、「あ～この曲が好きだ!」と思うことが、すごく楽しいです。

セロテープを貼り付けて ジャケットを修復する

岡田拓郎さん

5人組バンド「森は生きている」のリーダー。ギターやコーラスなどを担当。吉田ヨウヘイ、池田若菜との即興トリオ「發展」や、ソロでの活動も行う。

美しい飴色に変化するセロテープを眺めていると心が安らぎ、盆栽を愛でる人の気持ちにも納得。貴重盤にやたらと貼り付けると、怒る人は本当に怒るので、よっぽど状態のわるいもの、かつ絶対に墓まで持っていく覚悟がある盤のみにとどめるのがポイントです。

ケーキのデコレーション用の回転台に小道具として使ってみる

材料を転がしたりケーキのデコレーション用の回転台にしたり、わたしのMVでは度々レコードとプレーヤーが登場します。『ショートケーキ』という楽曲のMVではケーキとのサイズ感がドンピシャ。変速もできるのでケーキがきれいに仕上がりました。

DJみそしると MCごはんさん

モットーは「おいしいものは人類の奇跡だ！」。トラックからMVまで全てを自ら制作、料理と音楽の新たな楽しみ方を提案する超自家製ラッパー。

未知の高価な盤を ジャケ買い 勘違いでレコードを聴く

本秀康《もとひでやす》さん

イラストレーター、漫画家で、7インチ専門レーベル「雷音レコード」のディレクター。レコード好きにはおなじみの「レコスケくん」の生みの親。

守備範囲でない、全く興味のない音楽でもジャケットが良ければ中身も良く聴こえます。さらに、高い金額を払って手に入れたとなれば、無駄に高尚に聴こえてしまうことでしょう。この勘違いこそ中古レコードで音楽を聴く醍醐味だと思うのです。

レコードLoversがえらぶ

決定版の1枚

レコードを愛するみなさんに、僕の、私の１枚を選んでもらいました。
もしどんなレコードを買うか迷ったら、手がかりにしてみては。

岡田拓郎さん（ミュージシャン〈森は生きている〉）

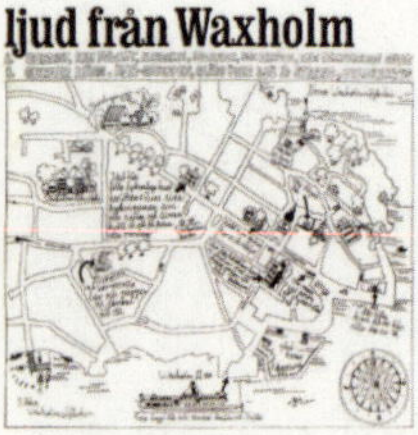

『Ljud Från Waxholm』Various／MNW 14P（1970）

何の変哲もない編集盤と思いきやB面に仰天！ヨレヨレのビートに歌声、ピアノ。油断しているとスピーカーに吸い込まれそうになる。安物ワインを１人で空け、明け方に夢と幻と後悔が脳内をぐるぐるフラッシュする感じ。後にB面のみ絶妙な塩梅のセンターズレを起こしている事に気づく。

石野卓球さん（DJ／プロデューサー〈電気グルーヴ〉）

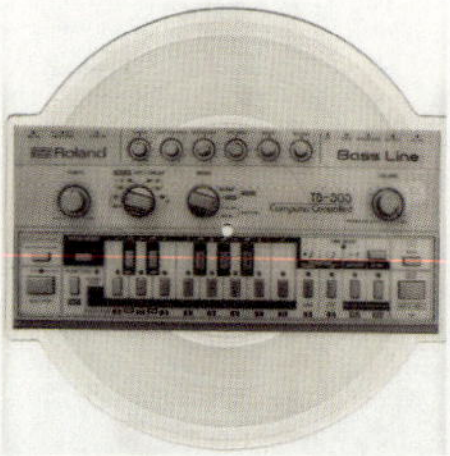

『Joyrex J9』
Aphex Twin／Rephlex（1993）

TB303とTR606（ともにシンセサイザーの名称）を形どったシェイプドディスクなので、フェティシズムを刺激します。

奥田民生さん（ミュージシャン）

『Long Player』
Faces／Warner Bros.（1971）

バンドの録音が素晴らしいので選びました。オーディオのチェックにも使えるし、レコーディングの参考にもなります。

大友良英さん（作曲家）

『record without cover』
Christian Marclay／Recycled（1985）

1985年、ジャケットにも入らず入荷したむき出しのレコードを発見したときは衝撃でした。レコードの傷も含めてこのアルバムの音楽であるというこの作品こそが、僕にとってのアナログレコードです。

坂本慎太郎さん（ミュージシャン）

『The rise and fall of ziggy stardust』
David Bowie／RCA（1972）

コンセプトアルバムなのでA面B面でひっくり返して聴く意味がある。いろんなタイプの曲が入っていて全曲良いので、初めてレコードを買う人にもオススメ。

川辺素さん（ミュージシャン〈ミツメ〉）

『Double Fantasy』
John Lennon and Yoko Ono／Geffen（1980）

子供の頃、久々にプレーヤーを繋いだ父親がかけてくれた盤で、それが僕のレコード原体験だったように思って選びました。

澤部渡さん（ミュージシャン〈スカート〉）

『Blossom Dearie Sings』
Blossom Dearie／Daffodil（1973）

とんでもないレア盤という訳ではありませんが僕のとっておきの１枚はこれです。演奏や楽曲、録音、ジャケット…このレコードのすべてを愛しています。

奇妙礼太郎さん（ミュージシャン）

『BLACK AND BLUE』The Rolling Stones
／Rolling Stones Records（1976）

リラックスして暗くて、なんだかとってもスケベなムードが漂っているアルバムだと思います。血とか骨とかの感じ。ジャケットもかっこいいし、僕が産まれた年に発売されたというのも好きな理由のうちのひとつです。

多屋澄礼さん（Twee Grrrls Club DJ、ショップオーナー）

『The Red Shoes』
Anthony Adverse／él（1988）

élレーベルみたいなギミックに溢れるレーベルをやりたい。特にこのLPはそれを象徴していて、白昼夢のように美しいから。

後藤正文さん（ミュージシャン〈ASIAN KUNG-FU GENERATION〉）

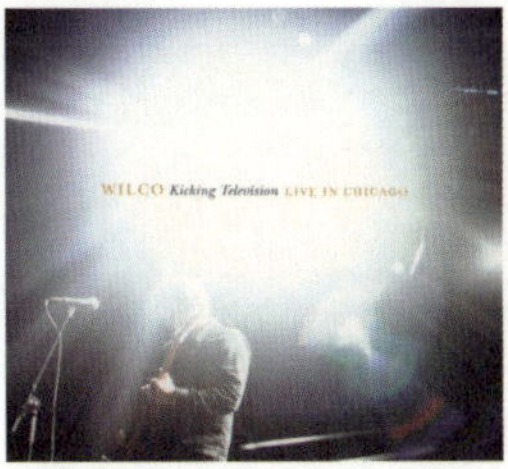

『Kicking Television:Live In Chicago』
Wilco／Nonesuch（2010）

ライブ盤のレコードってこんなに良いんだ！と思わせてくれた１枚です。溶け出すような臨場感です。

松田"CHABE"岳二さん
（ミュージシャン〈CUBISMO GRAFICO〉）

『THE FIRST OF A MILLION KISSES』
Fairground Attraction／RCA（1988）

自分の人生において間違いなく1番針を落としたレコード。エリオット・アーウィットによるジャケットの写真と全てのデザインが音楽と合わさって、よりパーフェクトなアート作品になっていると思います。

DJみそしるとMCごはんさん
（ミュージシャン）

『ユーミン・ブランド』
荒井由実／東芝EMI/Alfa（1976）

取り外し可能な3D眼鏡が付いているジャケットにひとめぼれしました。レコードならではの仕掛けと名曲にうっとり。

MAYURASHKAさん
（DJ）

『SOUND OF SILVER』
LCD SOUNDSYSTEM／DFA（2007）

大好きなアーティストでありレーベルオーナーでありDJでもあるJames Murphy。自分の音楽コラムのタイトルに頂くぐらい大好きなアルバム。ずっとレコードで最新のアーティストをリリースする点も彼を追いかけ続ける理由。

出戸学さん
（ミュージシャン〈OGRE YOU ASSHOLE〉）

『Days and Days』
C.W.Vrtacek／Leisure Time Records（1982）

仙台のレコ屋でジャケ買いしました。レコード聞いてなかったら出会わなかった音楽。

MINODAMNEDさん
（DJ）

『PUBLIC PRESSURE』
YELLOW MAGIC ORCHESTRA／Alfa（1980）

歓声入ってるし、LPと演奏違うし初めて聴いた時はびっくりしたなー。ライブ盤ってものの存在を知った中2の秋。「コズミック・サーフィン」前のMC、ダサいなと思ってましたw。

tofubeatsさん
（トラックメーカー）

『Dreamer』
B.B. & Q BAND／Cooltempo（1986）

特にこれといってレア盤なわけではないのですが、ずっと探していたので見つかったときとても嬉しかったので。ジャケも格好いい。

やついいちろうさん
（お笑い芸人〈エレキコミック〉・DJ）

『東京』
サニーデイ・サービス／RHYME/MIDI（1996）

CDで持っていたけどアナログが出るって事で発売日に即買いした。買うともらえる特典がレコード屋ごとに違うので全部揃えるために４枚買った思い出があります。

三船雅也さん
（ミュージシャン〈ROTH BART BARON〉）

『In My Own Time』
Karen Dalton／Paramount（1971）

19歳の時、初めて買ったのがKaren Daltonでした。緊張しながら針を落とし彼女の声を聞いた瞬間、一瞬で恋に落ちました。彼女の音楽はとてもプリミティブで僕の根幹にあるような気がします。いいレコードです。

吉田ヨウヘイさん
（ミュージシャン〈吉田ヨウヘイgroup〉）

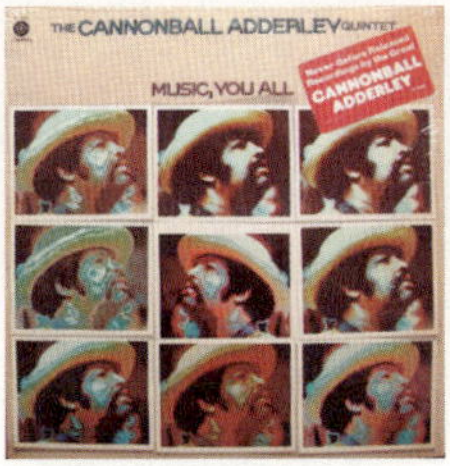

『Music,You All』
The Cannonball Adderley Quintet／Capitol（1976）

70年代のジャズと90年代のヒップホップを好きになるきっかけをくれた盤。CD化してないとこもいい。

向井秀徳さん
（ミュージシャン〈ZAZEN BOYS〉）

『At Action Park』
Shellac／Touch and Go（1994）

スティーブ・アルビニがアナログ録音にこだわり抜いた究極のロックバンドサウンドです。とにかく生々しい。

Licaxxxさん
（DJ）

『All In Line / I See It EP』
sauce81／Catune（2013）

初めて買ったレコード。当初デジタル版はなく、自宅にレコードが聞ける環境がまだないのにどうしても欲しくて買いました。

やけのはらさん
（ミュージシャン）

『巴里・夢のパッサカリア』
JEAN-JOEL BARBIER／Victor（1984）

好きなレコードそれぞれに、それぞれの良さがあり、どれも愛おしいので、この頃好きな１枚を選びました。

小俣晴紀さん（株式会社DMR）

『Everything is Everything featuring Chris Hills』
Everything is Everything featuring Chris Hills／Vanguard（1969）

一度聴いたら忘れられず、ついつい口ずさみたくなる謎めいた歌詞が印象的な「Witchi Tai To」。ほっこりしたいときの定番です。カバーも多いので聴き比べも。

岩崎亜矢／町田町子さん（コピーライター／檸檬／DJ）

『檸檬』
檸檬／RESCA（2015）

作詞を担当している「檸檬」の1st LP。“もうひとつの70's”を体現した内容となりました。ぜひレコードで、聴いてほしいです。

柿原晋さん（パルコ／吉祥寺クアトロラボ マネージャー）

『アウト・オブ・マインド』
加川良／Bellwood（1974）

20年程前大阪で購入、その後街外れを散歩していたら偶然このジャケットの風景に遭遇。そんな夏の日の記憶が鮮烈な１枚。

内沼晋太郎さん（ブックコーディネーター）

『INTERPRETA SUS EXiTOS』
Jose Antonio Mendez

キューバのフィーリンにはまって数年ぶりにレコ屋通いを再開したものの、なかなか当時のものは見つけられず生まれて初めてeBayで買ったレコード。

鹿野淳さん（音楽ジャーナリスト）

『権力の美学』
New Order／Factory（1983）

マンチェスターの伝説的なレーベルFACTORYのデザインは、すべてピーター・サヴィルというアートディレクターが手掛けていて、その中でも圧倒的な死の匂いがしたのが、このジャケットだったから。

大橋裕之さん（漫画家）

『My Sweet Lord』
George Harrison／Apple（1970）

高校時代、名古屋の中古レコード屋で緊張しながら初めて買ったレコード。嬉しくて何度も聴きました。

みやさかなみさん
（アーティスト）

『POP POP』
Rickie Lee Jones／Geffen（1991）

これアナログで聴くべき！と惚れた名盤。素晴らしい録音。大物ジャズメンの絶品演奏と彼女の自由に浸かる。

寺沢美遊さん
（写真家）

『Love, Strings and Jobim』
Antonio Carlos Jobim／Warner Bros.（1966）

ジョビンらの楽曲をデオダートが編曲した企画盤。ストリングスの果てしない美しさと軽音楽の心地よさ、レコードで音楽を聴く醍醐味が詰まった作品です。

本秀康さん
（イラストレーター／漫画家／雷音レコード・ディレクター）

『All Things Must Pass』
George Harrison／Apple（1970）

レコードを買い始めた最初期にこの美しい箱入り3枚組に出会った感動を越えることはもうないと思います。

轟木節子さん
（スタイリスト）

『ISLAND LIFE』
Grace Jones／Island（1985）

パンチのある美しさを放つGrace Jonesの音楽はレコードで聴きたいと思います。LA VIE EN ROSEは自分の好きな曲ベスト３に入るかも。

山崎まどかさん
（ライター）

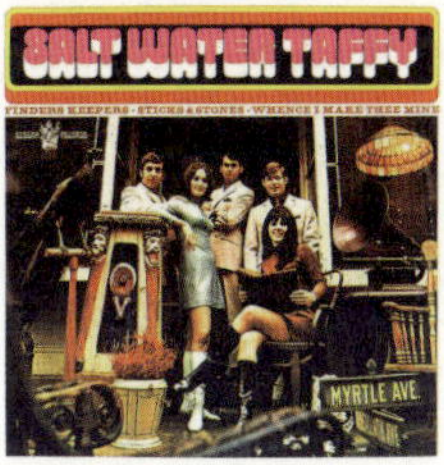

『Finders Keepers』
Salt Water Taffy／Buddah（1968）

人生で３回、買ったレコード。最初はアメリカで買ってきてもらい、その次に今はなき中古レコード屋のハンターで見つけ、ブルックリンの中古レコード屋でまた買った。

西村ツチカさん
（漫画家）

『オリジナル・サウンドトラック　綿の国星〈音楽編〉』
リチャード・クレイダーマン、冨永みーな、遠藤優子／Victor（1984）

イラストを眺めたい一心で買って、本当に素敵でよく眺めています。イラスト集ではなくてレコードというところも何か特別な気がするので気に入っています。

SMALL TALK ABOUT RECORD

VOL.4

100円レコードの魅力

100円レコード、それは中古レコード店の名物ともいえるバーゲン品で、どのお店にも多かれ少なかれ似たようなコーナーがあります。「お店が見切り処分するようなレコードなのだから、良いものなんてないだろう」と思うのが普通かもしれません。でも、あながちそうとはいえないのが、100円レコードの醍醐味なのです。まず、「100円レコードは人気がない、つまらないものばかり」というのは大きな間違いです。

100円レコードには、発売当時に大ヒットし、市場に中古で出回っている数が多すぎるため、しかたなくその値段になっているものが少なくありません。むしろそのレコードは人気がないどころか、多くの人に求められた作品だといえます。

また、本来はもっと高額で販売される人気盤が、傷やノイズのためにバーゲンになっている場合もあります。レコードを買いはじめてまもない時期だからこそ、「とりあえず聴いてみたい」という気持ちを優先させて100円で体験しておくのも大いにアリです。例え盤がわるかったとしても、ライナーノーツ（解説）など、今後のレコード集めの参考になるものがついているかもしれません。何より、自分の直感を頼りに知らないレコードを買ってみるのは冒険だし、気軽な運試しと考えても楽しいはず。ちょっと視点を変えてみるだけで、100円コーナーはめちゃくちゃ楽しい遊び場になるのです。

特価コーナーとわかるよう仕切りなどが入っていることが多い。

はじめてのレコード

番外編

おすすめレコードショップ&用語集

全国
おすすめレコードショップ案内

レコードをもっと楽しみたくなったら、いろんなレコードショップに行ってみよう。
お店がちがえば、出会える１枚もかわるはず！

⊙…「これからレコードをはじめたい」ひとへおすすめしたい１枚
☻…「これからレコードをはじめたい」ひとへメッセージ

営業時間や定休日などは、2015年２月現在のものです。変更されることがありますので、必ず電話や公式サイトなどで確認のうえ、お出かけください。

Page-One

［オールジャンル］

さっぽろ駅から地下鉄南北線で10分。自身もコレクターという店主が、すべての音楽ファンのためにオールジャンルを取り揃える。なかでも1960年代のオールディーズから、R&B、フォーク、ビート系、ニューロックという言葉が生まれた60年代後期、ロックが確立された70年代初期の音楽に力を入れている。

⊙『COSMO'S FACTORY』CCR
おすすめというか、私が中学１年生の時に初めて小遣いで買ったＬＰ。当時ＬＰは¥2000。悩んだ末にようやく手にした思い出の１枚。今なお、ジョン・フォガティは健在です。

☻ロック、ジャズ、ソウル……すべての音楽は体で聴き、感じるものです。この機会にアナログの分厚く、やさしい音を体全体で感じて下さい。

住所／北海道札幌市豊平区平岸1条9丁目2-17 平岸ハイツ１F　最寄り駅／平岸駅　TEL／011-814-8192
営業時間／11:00～19:00（火木 14:00～19:00）　定休日／水　http://www.page-one-records.com/

フレッシュエアー

［オールジャンル］

北海道でもっとも大きな商店街「狸小路」にある中古盤専門店。開店当初は洋楽、ロック、ソウル中心だったが、現在は幅広いジャンルを扱い、店頭には約35000枚のレコードが並ぶ。CD、DVDも取り扱っている。英、米のオリジナル盤や国内盤、貴重盤も多い。店名は、店主が好きなロックグループの曲名からつけられたそう。

⊙『CREEDENCE CLEARWATER REVIVAL』Green River
ロックのアナログ録音としては最良の１枚。リマスター CDやSACDも出ていますがアナログならではの音の質感をぜひ体験して頂きたいです。特にUSオリジナルともなると尚更。ジャケットもこの大きさがいいですね。

☻最近はワイヤレスのターンテーブルなど使いやすい機材も開発されているので、まずは好きなもの、興味のあるものからどんどん聴いていって頂ければと思います。

住所／北海道札幌市中央区南２条西７丁目１番地　最寄り駅／大通駅
TEL／011-261-4272　営業時間／11:00～20:00（日 11:00～19:00）　定休日／水　http://freshair-record.com/

HMV record shop 渋谷

［ オールジャンル ］

全国に店舗を展開するCD・DVDショップ「HMV」がレコード・CD中古専門店を渋谷にオープン。開放感たっぷりの店内には、洋楽全盛期と言われる1960〜1990年代の作品を中心に、バイヤーが海外から直接買い付けたレア盤や名盤が揃う。プレーヤーやレコードバッグなども販売。

⊙『VELVET UNDERGROUND AND NICO』Velvet Underground And Nico

有名なバナナ。バナナのシールが剥がせるので、ジャケットだけでも楽しい。もちろん内容も最高で、オリジナルは激レア！

☻レコードは簡単なものなので、まずターンテーブルに触れてみましょう。そして、レコードの音が好き、大きなジャケットが好き、モノを集めるのが好きであれば、安いレコードをどんどん買ってみましょう。

住所／東京都渋谷区宇田川町36-2 ノア渋谷　最寄り駅／渋谷駅
TEL／03-5784-1390　営業時間／11:00〜22:00　定休日／なし　http://recordshop.hmv.co.jp/

珍《めずらし》屋《や》国分寺南口店

［ ロック、Jポップ、ジャズ、ソウルなど ］

日本のロック&フォーク、歌謡曲、80年代アイドル、ジャズ、ソウル、シンガー・ソングライターなど幅広いジャンルの珍盤、レア盤、普通盤が揃う。映画『Frog River』（監督：伊志嶺一、主演：加瀬亮）で主人公がバイトをしていたレコードショップはここ。国分寺北口店、立川一号店・二号店もある。

⊙『風街ろまん』はっぴいえんど

1971年に発売された日本語ロックの金字塔！

☻「音良し、ジャケ良し、価格良し！」のレコードがきっと見つかりますよ。お待ちしています。

住所／東京都国分寺市南町2-17-10　最寄り駅／国分寺駅
TEL／042-326-0359　営業時間／12:00〜21:00　定休日／なし　http://blog.livedoor.jp/mezurashiya/

レコファン渋谷BEAM店

［ オールジャンル ］

800㎡の大フロアに、CD・DVDなどとレコードを合わせて約30万点の商品が集結。レコードは、LP 5万点・EP 3万点以上が常時揃っている。レア盤からお値打ち盤まで、毎日新着盤が届くので、足しげく通ってお気に入りの1枚に出会いたい。「レコード放出セール」なども開催。

⊙『The Nightfly』Donald Fagen

入手しやすく（コレ大事！）、音もジャケットもサイコー！ ここからロック・ジャズ・ポップスの深みにはまりましょう。

☻音の良さ、音を磨く楽しさ、ジャケットのカッコよさ、針を落とす時のしびれるカンジはまさにアナログの醍醐味。まずはお気に入りの1枚から、Welcome to ANALOG World!

住所／東京都渋谷区宇田川町31-2 渋谷BEAM4F　最寄り駅／渋谷駅
TEL／03-3463-0090（代）　営業時間／11:30〜21:00　定休日／なし（元旦除く）　http://www.recofan.co.jp/

Manual of errors SONOTA

[オールジャンル]

ライブラリー、ソフトロックなどなさそうでなかった「その他のコーナー」専門のレコードショップ。「フランス・ギャル」「和ジャズ」「Out Of Tune（わざと音程をはずしたり、音痴なのに歌う人）」「医療」など、ニッチな領域の中の名盤を追求。かわいい猫のジャケットレコード（通称「ネコード」）もそろう個性際立つお店。

◉『Singers, Talkers, Players, Swingers, & Doers』THE HELLERS
CM制作集団のヘラーズ。モーグシンセなどを使用したコラージュ的なアレンジとポップセンスによる自由なイメージが見事です。

☻音楽に新旧の優劣はありません。他メディアより面倒はありますが、音楽好きにとってアナログは冒険し甲斐のある世界ですぜ。

住所／東京都渋谷区宇田川町36-2 ノア渋谷1103号室　最寄り駅／渋谷駅
TEL／03-3463-6686　営業時間／13:00～20:00　定休日／水　http://www.manuera.com/sonota/

Coco-Isle《ココアイル》 Music Market

[レゲエ、ハワイアン、ハワイアン・レゲエ、カリプソ]

スカからダンスホールに到るまで、レゲエ～ジャマイカン・ミュージック全般、7インチはもちろんLPや12インチもオリジナル盤が豊富に揃う。ハワイアン・レゲエのCDの品揃えは日本随一。トラディショナルなヴィンテージ・ハワイアンLPのコーナーも大充実。自然光があふれる店内でお気に入りの1枚を見つけて。

◉『Love Me Forever』Carlton&The Shoes
ジャマイカ音楽の礎を築いた「Studio One」レーベルを代表するLP。タイトル曲は、ジャマイカ音楽史上最高のラヴ・ソングとの声も！

☻レコードの音源は、レコードで再生される事を念頭に作られているので、レコードで聴いてこそ、その曲本来の「音」が楽しめるはず。ぜひ、レコードの豊かな「音」を楽しんで！

住所／東京都渋谷区神南1-3-2 不二ビル4F　最寄り駅／渋谷駅
TEL／03-3770-1909　営業時間／12:00～21:00　定休日／火（祝日の場合は営業）　http://www.coco-isle.com/

universounds

[ジャズ、ソウル、ブラック・ミュージック、日本人のジャズなど]

オリジナル盤をメインに、LP盤と7インチを取り扱うレコード店。DJやライターとしても活躍するスタッフが、仕入れから販売までを担当。ミュージシャンやコレクターからの信頼も厚い。ジャズ史に埋もれた傑作を再び世に送り出す再発シリーズ「Deep Jazz Reality」の監修や、レーベルの運営なども行っている。

◉『Winter In America』Gil Scott-Heron&Brain Jackson
ブラック・ミュージックの要素が詰まった歴史的名盤です。当時の熱い息吹を、ぜひオリジナルのレコードで堪能していただきたいです。

☻音楽を聴く喜び、そこに見る喜び、探す喜び、物として所有する喜びを加えてみませんか。さらに幅広く奥深く音楽を楽しめるようになると思います。

住所／東京都杉並区高円寺南3-46-9 プラザU 202　最寄り駅／高円寺駅
TEL／03-3314-5185　営業時間／13:00～20:00　定休日／水　www.universounds.net

CITY COUNTRY CITY

[ダンスミュージック、アンビエント、60'S～ロック、日本の音楽]

ビギナーコーナーから、世界中に残されたダンスミュージックを軸に、民族音楽、定番のクラシックロック、現行のインディーロック、ソウル、静寂なニューエイジ、日本産レコードなどがそろう。カフェとしても人気で、ランチを楽しみながらレコードの音を体感できるのもうれしい。

⊙『ミスリム』荒井由美
はじめてのレコードは、絶対名盤を！ 70年代初頭で全てが若いのですが、それぞれの技術や情熱が刻み込まれた素晴らしいレコード。お手頃な値段でSSアルバムの流れもポイント。

☻わからない事があればエキスパートはそこら中にいるのでどんどん聞いてみましょう。アナログレコードを『探す～聴く』は美しい行為です！ 自分の心に響く音を見つけてください。

住所／東京都世田谷区北沢 2-12-13 細沢ビル 4F　最寄り駅／下北沢駅
TEL／03-3410-6080　営業時間／12:00～25:00（土日祝11:00 ～ 25:00）　定休日／水　http://city-country-city.com

Weekend Records

[オールジャンル]

NYブルックリンでレコードショップを経営後下北沢にオープン。さまざまなジャンルを扱い、なかでも、ヒップホップやハウスなどが好きな人にとって古典とされる70～80年代の音楽をジャンル問わず多く取り揃えている。扱うレコードについては、どんな質問にも店主の永友さんが分かりやすく噛み砕いて説明してくれるので心強い。

⊙『Pet Sounds』The Beach Boys
「無人島に持って行く1枚は？」と訊かれれば誰かが必ず選ぶ大名盤。当店では扱ったことがないし私本人もちゃんと聴いたことがありませんが、みんなが良いというものは、たいがい良いものだと思います。

☻取り返しがつかないくらいに私の人生を破壊してくれたレコードというものは、恨んでも恨みきれないくらいに素晴しいものです。

住所／東京都世田谷北沢3-26-6　最寄り駅／下北沢駅
TEL／03-5738-7302　営業時間／14:00～20:00　定休日／水

FACE RECORDS

[ソウル、ファンク、レゲエ、和ジャズ／和モノ]

渋谷の音楽・レコード文化発祥の地ともいえる通称シスコ坂にある老舗店。定期的に入荷する商品は国内の買取りだが、US盤を中心に各国の貴重なオリジナル盤のLPや7インチのジャズ、ソウルなどのレコードをメインに多数揃える。アイテムはすべてコメント付きで、ウッド素材のレコード棚で統一された店内は、あたたかい雰囲気で初心者でも入りやすい。

⊙『Places And Paces』Donald Byrd
Larry Mizell & Fonce Mizell=Sky High ProductionsとDonald Byrdが作り上げた永遠のマスター・ピース！Pete Rock & CL Smooth「All The Places」の元ネタB1"Places And Spaces"やファンキー・フュージョン"Change","Domino"などを収録！フュージョン期のBlue Noteを代表する1枚です！

☻レコード買いましょう！ ご来店お待ちしております！

住所／東京都渋谷区宇田川町10-2·新東京ビル　最寄り駅／渋谷駅
TEL／03-3462-5696　営業時間／13:00～20:00　定休日／なし　www.facerecords.com

Hi-Fi Record Store

[オールジャンル]

輸入中古盤の専門店として幅広いジャンルのレコードを扱う名店。商品カードには店員さんがていねいかつ愛情いっぱいにレコード情報を書いているので必見！　読むほどに新しい音楽との出会いがあるはず。レア盤から定番のものまで幅広い音楽の魅力に触れることができる。

⦿『BUNKY&JAKE』BUNKY&JAKE

1960年代のニューヨークで出会ったインド人女性シンガーのバンキーと白人男性ジェイク。二人が奏でる音楽には街角の青春がキュートに詰まっていて最高に甘酸っぱいのです。

☻お店に来て店員さんと話したり、そこで流れているいろんな音楽を聴いたりするだけでもいいと思います。レコードそのものに触れてみて、じかにわかることもたくさんあります。

住所／東京都渋谷区神宮前6-19-17 ペリエ神宮前3F　最寄り駅／渋谷駅
TEL／03-3407-7752　営業時間／12:00～21:00　定休日／なし　www.hi-fi.gr.jp

フラッシュ・ディスク・ランチ

[洋楽ポピュラー全般]

壁にはグラフィティが描かれアメリカのレコード屋のような空間。価格の安さ、扱う商品の幅の広さも定評があり、レア盤でも1000～2000円台が中心。名物の「800円（3枚2000円）コーナー」には手頃な廃盤が満載。初心者にうれしい300円コーナーもチェックして。CDソフトケース、アナログ洗浄液、専用マイクロファイバー・クロスなどのオリジナル商品もある。

⦿『Hotter Than July』Stevie Wonder

アナログの頂点といえる80年作で、20世紀の音楽のエッセンスが詰まっているのに手頃な価格でいつも在庫が確保されているからです。

☻自分の耳で聞き、自分の頭で評価して面白いと思えるものを追求して行って欲しい。

住所／東京都世田谷区北沢2-12-16 三鈴ビル2F　最寄り駅／下北沢駅　TEL／03-3414-0421　営業時間／12:00～22:00、土曜日 14:30～22:00（※セール日15:00～）、日・祝 14:30～21:00　定休日／水　https://www.facebook.com/flashdiscranch、http://cdsoftcase.com

JET SET TOKYO

[Hip Hop/R&B、クラブミュージック、ソウル、ジャズなど]

都内でも有数のオールジャンルのアナログ新譜を扱うお店。関東一円からの集客を誇り、国内インディも自主制作盤を中心に取り揃えている。ライヴハウスやスタジオの密集する立地から、情報交換のサロン的な役割も果たす。各ジャンルのメインバイヤーが常駐し、こだわりの1枚をそろえる。

⦿『Black Messiah』（2LP）D'Angelo & the Vanguard

全てヴィンテージ機材とアナログ・コンソールで録音されているため、音の良さを堪能するにはピッタリです。

☻わざわざレコード現物をプレーヤーに乗せて、針を置いて、A面からB面にひっくり返して……という一連の動作を繰り返すうちに、かつて初めて音楽の良さに触れたときの感情を、一生を掛けて何度でも思い出すことになるのではないでしょうか。

住所／東京都世田谷区北沢 2-33-12 柳川ビル201号　最寄り駅／下北沢駅
TEL／03-5452-2262　営業時間／14:00～22:00　定休日／なし　http://www.jetsetrecords.net/

ココナッツディスク吉祥寺店

[オールジャンル]

広々とした店内は、初心者でも見やすいようにレイアウトされ居心地がいい。新譜を発売するアーティストによるライブなどイベントも開催。価格が良心的なのもうれしい！　音楽関係本や、ここでしか手に入らないインディーズバンドのCDもある。池袋、代々木、江古田にも店舗がある。

◉『HOSONO HOUSE』細野晴臣
ジャケットがボロくなっても盤面にキズがついてプチプチノイズが入るようになっちゃっても、それがむしろ味になるレコードだから。

☻どうぞ末永くお付き合いください。

住所／東京都武蔵野市吉祥寺本町2-22-4-1F　最寄り駅／吉祥寺駅
TEL／0422-23-1182　営業時間／12:00～21:00　定休日／なし　http://coconutsdisk.com/kichijoji/

サテライト

[オールジャンル]

オールジャンルを扱う昔ながらのいわゆる「街レコ」。店内には、ダンボールに入ったレコードがびっしり（お店の外にもたっぷりと）！　大きな看板もないので、一見初心者にはハードルが高し!?と思っても大丈夫。やさしい店員さんが相談にのってくれます。かわいいレコード袋も人気。

◉『Caetano Veloso』 Caetano Veloso
個人的に好きな1枚です。ブラジル音楽っぽさは少ないけれども、フォーキーな「うた」がつまっています。

☻一生付き合える趣味だと思います。焦らず、しかし貪欲に楽しんでください。

住所／東京都目黒区鷹番2-9-3 第2エスペランス102　最寄り駅／学芸大学駅
TEL／03-3792-5870　営業時間／12:00～22:00　定休日／木

だるまや

[オールジャンル]

池袋東口にある老舗レコードショップ。全国各地からオールジャンルのレコードを連日大量入荷し、近年は特にジャズが充実。日本全土のレコードショップからCD、レコードの激安盤、レア盤、珍盤が約10万点集まる。「池袋 CD & レコード・フェア」を年に3回程度主催（開催場所はHPで要確認）。

◉『Let It Bleed』 The Rolling Stones
若い人でも、針を落とした瞬間から当時の光景が想像出来てしまうようなアルバムのひとつです。

☻レコード時代の作品を聴くなら、是非アナログで。

住所／東京都豊島区東池袋1-36-5 笹屋ビル2F　最寄り駅／池袋駅
TEL／03-5992-7385　営業時間／12:00～21:00　定休日／なし　http://darumaya.to/

タイム

[オールジャンル]

創業50年の中古レコード店。確かな品質と安心を提供するために、すべての商品をていねいに検品。より良い状態でお客さんに届くよう、1枚1枚愛情を込めてクリーニングしている。レコードは細かくジャンル分けされているので、気になるジャンルをじっくり見てみよう。

⦿『Waltz for Debby』Bill Evans
ビル・エヴァンス・トリオの演奏のすばらしさはもちろん、ライブ録音で会場の臨場感が楽しめる本作はぜひアナログ盤で聴いてほしい。耳を澄ませばヴィレッジ・ヴァンガードの下を走る地下鉄の音が聞こえてきます。

☻ほんのちょっとだけ手間がかかりますが、音質、ジャケットのアートワーク、存在感、どれをとっても音楽ソフトの最高峰です。CDやMP3で聴いていたお気に入りの音楽も、今までとは違う新しい発見があるはず。

住所／東京都新宿区高田馬場1-25-31 遠亀ビル1階　最寄り駅／高田馬場駅
TEL／03-3205-2763　営業時間／11:00～20:45　定休日／年末年始　http://timerecords.jp

パレード

[オールジャンル]

高田馬場にあるレコードショップ「タイム」(前出参照)で修行を積んだ店主が1989年に創業。1枚1枚を手拭きで行う盤質の保持、ジャケット類の品質保持、また、購入しやすい売価設定、納得のいく買入価格設定に信頼を寄せるファンも多い。大きな窓で明るく、気軽に立ち寄ることができる。

⦿『Now & Then』The Carpenters
CDで聞いた方も多いでしょうが、三面ジャケットの存在感、A・B面を意識した作りなど、また違った楽しみを味わえるのではと思います。

☻中古レコードを探すとき、コンディションの良いものを選ぶのは当然としても、あまり神経質にならずに、ノイズ(針音)も味わいのうちと、まずは気楽に楽しむ方がきっと長続きしますよ。

住所／東京都三鷹市下連雀3-33-17 グラシアス三鷹109　最寄り駅／三鷹駅
TEL／0422-49-5939　営業時間／11:00～21:00　定休日／水　http://parade-mitaka.com/

Rubbergard Record

[ブラジル音楽、ブラジルミュージック、ジャパニーズなど]

年に2回ブラジルへ現地買い付けに赴いて、人気盤、レア盤から、日本ではなかなか手に入らないオブスキュア盤まで仕入れる人気店。商品カードには細かなコメント付きで、未開封の商品を除くすべての商品を試聴できる。860円以下のロープライスコーナーも常設。

⦿『Imyra Tayra Ipy』Taiguara
一般に知られるブラジル音楽の要素を全てあわせ持ちながら、それのどれとも違うオリジナリティーを有しているから。Hermeto Pascoalの珍しい唄ものプロデュース作品としても貴重。

☻どの国の、どんなビートを持ったレコードでも、レア盤でも非レア盤でも、高額盤でも安盤でも、自分の感覚に合ったものは迷わず買って楽しめるというのが理想かな、と思います。たくさんレコードを聴いて、その感覚を養ってもらえると嬉しいです。

住所／東京都千代田区神田神保町1-38-6 自保神田ビル1F　最寄り駅／神保町駅
TEL／03-3292-2505　営業時間／12:30～20:00　定休日／水　http://www.rubbergard.jp

ダウンタウンレコード

[クラシックを除くオールジャンル]

東京の下町・東陽町にあるレコード店。ソファーが置かれたスペースでは自由に試聴ができ、ゆったりとくつろぎながらお気に入りの1枚を探すことができる。店内で、イラスト展やトークショーなどが開催されることも。対面販売にこだわり、通販やオークションは行っていない。

⊙『ア・ロング・バケイション』大滝詠一

アメリカンポップスの粋を詰め込んだ傑作。永井博によるジャケットも魅力的。たくさん売れたのでワンコインで買えます。

☺深みのあるサウンドと30センチ程の大きなジャケットを同時に所有できる喜び。アナログレコードは極上の総合芸術だと思います。そして複製品なので他の芸術品と比べると安価で手に入るのも嬉しい。是非、気軽な気持ちでレコードを楽しんでください。

住所／東京都江東区東陽3-27-3　最寄り駅／東陽町駅

TEL／03-3645-0155　営業時間／13:00～20:00　定休日／火、水　downtownrecords.jp

レコード屋グリグリ

[オールジャンル]

住宅街のなかにあるレコードショップ。初心者でも安心して買えるよう、出来るだけコンディションの良いものを良心的な価格で揃える。ジャマイカ盤のレゲエや、ダンス・クラシックなどジャンルは幅広い。東北方面などへの出張セールも行っているので、HPでチェックして。

⊙『Sgt.Peppers Lonely Heart Club Band』The Beatles

ジャケット・アートも含めレコードを「芸術作品」として仕上げたコンセプト・アルバムとしてポピュラー音楽の歴史を変えた一枚だと思います。

☺ダウンロードでは味わえないレコード針を落とす瞬間のトキメキをあなたも是非！（＾＾）

住所／埼玉県さいたま市大宮区大門町3-63　最寄り駅／大宮駅

TEL／048-642-7419　営業時間／11:30～20:00　定休日／年末年始　http://www.gris-gris.net/

Coffee and music opus

[ワールドミュージック全般]

のんびり過ごせるカフェとレコードショップが融合。レコードは店主のマイブームで仕入れているということで、他店ではなかなか出会えない1枚に出会えるかも。こだわりのフードメニューも人気で、カフェに立ち寄る気分で気軽に訪れたい。レコードを購入するとコーヒーがサービス！

⊙『REY AZUCAR』Los Fabulosos Cadillacs

アルバム全般を通してやさぐれ感たっぷりで、レゲエ、スカ、エキゾチック感もあふれる。ロマンチックでバルセロ～ナな無国籍大名盤。やっぱり彼らは別格で格別。メキシコONLYプレスのとっても希少なアナログ盤で是非ッ！

☺余分なヒトテマが良い。どうでも良いコダワリやヒトテマが普段の生活をほんの少しだけ楽しくしてくれる気がします。

住所／岐阜県岐阜市清住町3-5 堀内ビル1階　最寄り駅／岐阜駅、名鉄新岐阜駅

TEL／058-212-3378　営業時間／14:00～23:00　定休日／月、火　http://www.opusrec.com/

レコード・ジャングル

[米国黒人音楽、ワールド・ミュージック、ロックンロール]

金沢に1983年にオープン。「買ってトク、売ってトクする中古盤。音楽で世界を旅する輸入盤」のスローガンのもと、「聴き手の感性を育てる店づくり」でレコードファンからの信頼も厚い。レコード愛溢れる店主が、初心者にもやさしくレコード情報を教えてくれる。にぎやかな音楽シーンが描かれたカラフルな看板が目印。

⦿愚問です。人それぞれの美意識はそれぞれに磨くしかない。強いて言えば、ジャケ買いで選ぶ廉価盤。その作品の美学を見出し、製作者、演奏家の意図を見抜くこと。

☻どんなレコードにも美学があります。自分の美学と合致し、さらにそれを高めてくれるレコードとの出会いを、飽くなく求めていってください。

住所／石川県金沢市袋町2-13 荒木ビル2F　最寄り駅／金沢駅
TEL／076-264-3672　営業時間／11:00～20:00　定休日／月（但し祭日、振り替え休日は営業）　http://www.recojun.com

SOUL CLAP

[ソウル、ジャズ、HIP HOP、ディスコなど]

年に数回アメリカへ買い付けに行き、ソウル、ファンク、レア・グルーヴを中心に揃えるレコードショップ。ブログでは、アメリカでの「買い付け日誌」をアップ。現地のレコードファンたちの熱気も伝わってくるのでぜひチェックして。気になったレコードは2週間程度なら取り置きも可能。

⦿☻特に「是非これを聴いて欲しい！」というレコードはありません。「ジャケットが可愛いから」とか「お金が無いからセール品のみ」とか全然ありだと思います。無料ダウンロードやYouTubeで気軽に音楽を聴ける時代ですが、実際レコードを手に取ることによって、さらに音楽を楽しむ幅が広がればと思っております。

住所／静岡県浜松市中区伝馬町312-22 金井屋第二ビル3C　最寄り駅／浜松駅
TEL／053-451-3457　営業時間／14:00～21:00　定休日／水、アメリカ買い付け時　http://www.soulclaprecord.com/

CORNERSHOP

[オールジャンル]

新譜や海外買付け&買取りの中古アイテムから、店主の嗜好でセレクトされたアナログをメインに取り扱う。イベントやDJ活動も行う。店名はDJ田中知之氏（FPM）、トレードマークのイラストとロゴデザインは写真家・グラフィックデザイナーの常盤響氏によるもの。

⦿『PILLOWS & PRAYERS』V.A.（CHERRY RED）
ネオアコ～ポストパンク～ニューウェイヴなどの音楽を聴くきっかけとして最適のコンピアルバム。

☻実際にレコードショップに行って様々なジャケットを眺めたり、店員さんに聞いて自分のお気に入りを探すのが1番。寄り道や遠回りするほど素敵な音楽に出会えると思います。

住所／静岡県静岡市葵区両替町2-3-9 カメヤビル 3F　最寄り駅／静岡駅
TEL／054-253-5571　営業時間／12:00～20:00　定休日／水&不定休（買い付け時など）　http://www.cornershoprecords.com

Music First

[オールジャンル]

マンションの2階にある小さなレコードショップ。ガラスの窓から店内が見えるので初心者でも入りやすい。レコードは見やすく、ていねいに並べられており、のんびりお気に入りを見つけたい。良心的な価格と、回転の速さも特徴。CDやDVDの名作、音楽関連の書籍も販売している。

⦿『BLUE』Joni Mitchell
シンプルな楽器構成のアコースティックなサウンドをアナログで聴くことで、より一層温もりを感じさせてくれると思います。

☻レコード店で現物に触れてじっくり選ぶことがオススメです。

住所／愛知県名古屋市東区東桜1-8-19 三信ビル2F　最寄り駅／栄駅、久屋大通駅
TEL／052-972-1003　営業時間／11:00～21:00　定休日／なし　http://www.musicfirst.biz

---

JET SET KYOTO

[オールジャンル]

日本最大級のヴァイナル・メガストアとして、国内外の良質な音楽をオールジャンルで取り扱う。輸入盤に関しては毎日海外から直接入荷しており、世界でもトップクラスの入荷スピードと品揃え。CDも国内インディ・アーティストをメインに取り揃えており、自主制作盤も充実。

⦿『ALL KINDS OF PEOPLE ~ LOVE BURT BACHARACH ~ PRODUCED BY JIM O'ROURKE』Jim O'rourke
ジム・オルークと11人のヴォーカリストたちによる偉大な音楽家バート・バカラック・カヴァー。アナログ盤で聴くインパクトは伊坂芳太郎によるジャケット含め数倍になると思います。

☻レコードでしか聴けない作品もありますが、単に自分の好きな作品をレコードで買って聴いてみる、というだけでもいいと思います。その先の楽しみ方は人それぞれです。JET SETでは最大限の手助けができればと思っています。

住所／京都府京都市中京区河原町通三条上ル下丸屋町410 ユニティー河原町ビル6F　最寄り駅／京都市役所前駅、三条駅、河原町駅
TEL ／ 075-253-3530　営業時間／ 13:00～21:00　定休日／元日　http://www.jetsetrecords.net/

100000tアローントコ

[オールジャンル]

レコードだけでなく、幅広いジャンルの古本もそろう本屋のようなレコード店。店長の加地猛さんがていねいに選んだ名盤がそろう。ふんわりとあたたかい雰囲気で初心者や女性でも入りやすい。小説家の柴崎友香さんや、いしいしんじさんが一日店長をつとめるなど楽しい企画もたくさん。

⦿『THE SEA AND CAKE』The Sea And Cake
このファーストアルバムはとにかくアナログレコードがよく似合う。理由はまだない。

☻まず、自分がすでに好きなものをレコードで買ってみるのがいいかもしれません。

住所 ／京都府京都市中京区上本能寺前町485 モーリスビル2F　最寄り駅／京都市役所前駅
TEL／090-9877-7384　営業時間／12:00～20:00　定休日／年末年始　http://100000t.com/

VOXMUSIC

[ジャズ、ソウル、レゲエ、ワールドミュージック]

ブラック・ミュージックを中心に、ラテン、アフリカ、アジアなど世界各地の面白い音楽のオリジナル盤やリイシュー盤を揃えている。「これからレコードを買ってみようかな?」という初心者のためにも、各ジャンルのど真ん中の定番は必ずストックするように心がけているという、そんな心遣いがうれしい。

⦿『Bitches Brew』Miles Davis
濃いです。ブラック・ミュージックのいろんな要素が詰まっていて、何回聴いても面白いと思います。

☻敷居は低いけど奥が深い趣味だと思います。楽しいのは間違いないので、お気軽にはじめてみてはいかがでしょうか?

住所／大阪府大阪市西心斎橋1-4-17 シゲタニビル2F　最寄り駅／心斎橋駅
TEL／06-6253-8570　営業時間／12:00〜20:00　定休日／なし　http://www.voxmusicweb.com

FLAKE RECORDS

[インディロック]

独自の目線とルートで世界中からレコードとCDを仕入れる。中古はなく、新譜のみの販売。あえて細かいジャンル分けはせず、店長の和田貴博さんが「感覚的に置く」というレコード棚は、探すほどに思わぬ1枚との出会いがあるはず。オリジナルレーベル「FLAKE SOUNDS」も注目されている。

⦿CDで持っている大好きなレコードを探し出して聞いてみて下さい。ジャケットを見ながら時間をかけて聞いたら、再発見があるかと。

☻めんどくさいし、お金もかかるけど、10年後に持っていてよかったって絶対思うと思うので、余裕のあるときにぜひ!

住所／大阪府大阪市西区南堀江1-11-9 SONO四ツ橋ビル201　最寄り駅／四ツ橋駅、なんば駅、心斎橋駅、西大橋駅
TEL／06-6534-7411　営業時間／12:00〜21:00　定休日／年末年始　http://www.flakerecords.com

レコードショップナカ2号店

[オールジャンル]

定番ものから、スタッフが面白いと思った作品までオールジャンルを取り揃える街のレコードショップ。特に国産音楽(歌謡曲、アイドル、ロック&ポップスなど)の販売・買取りに力を入れている。楽曲の作家陣に注目したコメントカードは一見の価値あり。

⦿『君をのせて』沢田研二
名作な上にすぐに見つかるから! シングル盤が似合う名曲のひとつです。

☻きっかけの1枚は何でも良いと思います。すべてのレコードに何かしらの良さってありますから〜。

住所／大阪府大阪市浪速区難波中2-6-1 寿ビル1F　最寄り駅／南海難波駅、地下鉄御堂筋線難波駅
TEL／06-6631-0571　営業時間／11:00〜20:00　定休日／毎月第1、第3水　http://nakasecond.livedoor.biz/

NIGHT BEAT RECORDS

[R&B、ブルース、ソウル、オールディーズ]

数少ない50～60年代音楽（洋楽）の専門店。アメリカ国内でレコード発掘に情熱を注いでいたという店長の藤井康成さんがオープン。買い付けはおもにアメリカで全米のトップ・ディーラーから直接仕入れている。初心者でも見やすい陳列で、椅子に座りながらゆっくり試聴できるのもうれしい。

⊙『The Man And His Music』Sam Cooke

R&Bとポップスの架け橋であり、ソウル音楽のルーツとしても最重要。柔軟で幅広い価値観で、音楽を聴く楽しみを教えてくれる1枚です。

☺まずはずっと好きだった曲やアルバムをアナログ・レコードで聞いてみて下さい。CDやMP3では味わえなかった芳醇な音質や、アーティストが表現したかった事の真意を再発見できると思いますよ♪

住所／大阪府大阪市中央区西心斎橋1-9-28 リーストラクチャー西心斎橋207　最寄り駅／心斎橋駅
TEL／06-6210-4169　営業時間／10:00～19:00　定休日／年末年始　http://www.nightbeatrecords.com/

ハックルベリー

[ロック、ソウル、ジャズ、日本]

神戸・元町にある老舗レコードショップ。赤色の外観が目印で、さらに真っ赤な階段を上がると、店内にはレコードがずらりと並ぶ。お客さんによろこんでほしいと「とにかく毎日新しい商品を出す」という店長さん。日々、多くのレコードファンが掘り出しものを探して足しげく通う。

⊙**初期のビートルズをどれか1枚**

50年以上聴いていて、いまだに飽きない。これにつきるのではないでしょうか。聞いてなかったらレコード屋やってないと思います。

☺アナログが見直されているのは、きっと楽しいから。趣味は基本楽しくないとね。人間そんなに長く集中できません。LP片面20分以内、これがいいんじゃないでしょうか。今までより感動できますよ！

住所／兵庫県神戸市中央区元町通1-8-16 元一ビル2F　最寄り駅／元町駅、阪神元町駅
TEL／078-332-0766　営業時間／11:30～20:00　定休日／なし

STEREO RECORDS

[オールジャンル]

2005年10月にオープンした広島の人気レコード店。すべてのジャンルの「良い」音楽を中心にセレクト。新譜や各ジャンルの中古盤まで、幅広く音楽リスナーをサポートしている。STEREO RECORDSが主催するライブイベントや、アーティストとコラボしたレコードバッグなどもチェックして。

⊙『MUSIC』Carole King

アナログレコードの1番の魅力は生演奏の音の温かみだと思います。キャロル・キングの名盤は「演奏良し・音良し・ジャケット良し」の三拍子揃った1枚です。

☺レコードを買う若い子がめちゃめちゃ増えています。女の子も多いです。レコード屋は入りにくいイメージもありますがそんな事ないのでお気軽に。

住所／広島県広島市中区中町2-2 末広ビル201　最寄り駅／八丁堀駅
TEL／082-246-7983　営業時間／11:00～21:00　定休日／元日　http://www.stereo-records.com/

グルーヴィンレコードステーション

[オールジャンル]

オールジャンルを取り扱い、定番からレア盤までバランスよく揃える。特にシングル盤、格安バーゲンLPは質量ともに充実。毎週末、ホームページとツイッターに一部ジャケットの画像を付けて新入荷情報を掲載。マニアックな商品にはコメントがついているのもうれしい。

⦿『WHAT'S GOING ON』Marvin Gaye
アルバム全体を通して、「曲良し・唄良し・演奏良し」の一家に1枚、歴史的名盤。

☻重み、所有している実感があり、パッケージのみならずその作品の内容にもさらに愛着がわくと思います。

住所／広島県広島市南区京橋町2-21　最寄り駅／広島駅
TEL／082-568-8484　営業時間／11:00〜20:00　定休日／なし　http://groovinrecord.blog-mmo.com/

TICRO MARKET

[オールジャンル]

ソウル、ジャズ、ロックはアメリカ買付け盤を中心としたセレクトショップのような品揃え。ヒップホップ、ハウスの12インチは店頭買取りによる豊富な在庫量を誇る。スタッフ全員がDJをしており、ジャンルごとに専門の担当者がいるので、ぜひ気になるジャンルのおすすめを聞いてみて。

⦿『SHADES OF BLUE』MADLIB
老舗のブルーノートレーベルからの2003年作のアナログ盤。HIP HOPとJAZZが融合した至極の一枚！

☻アナログレコードには聴く喜びだけでなく、集める喜び、所有する喜びがあります。日本全国、そして海外にもたくさんレコード屋があります。実際にお店で探すのは楽しいので是非各地のお店に行ってみて下さい。

住所／福岡県福岡市中央区大名1-15-30 天神ミーズビル 203号　最寄り駅／西鉄福岡駅、地下鉄天神駅
TEL／092-725-5424　営業時間／11:00〜22:00　定休日／なし　http://www.ticro.com/

田口商店 KEYAKI

[オールジャンル]

九州最古の中古レコードショップ。ロック、ジャズ、クラシックに至るまでオールジャンルの珍盤、名盤、貴重盤を取り揃える。初心者にもていねいにレコードの知識を教えてくれ、価格ともに安心のお店づくりがうれしい。ポータブルプレーヤーのほか、昭和レトロな食器やインテリア雑貨なども販売。雑貨屋さんに立ち寄る気分で気軽に立ち寄りたい。

⦿『SQUALL』松田聖子
80年代アイドルのアイコンである彼女のデビュー作！ 楽曲のよさはもちろんジャケットの可愛さも最高でレコードを所有する歓びを感じる1枚。

☻所有する歓び、共有する時間、やさしい音色が、今までに感じたことのない'音楽を聴く'という生活に楽しみを追加することができますよ。

住所／福岡県福岡市中央区赤坂1-2-6　最寄り駅／赤坂駅
TEL／092-716-0087　営業時間／13:00〜20:00　定休日／火　http://www.taguchishouten.com

JUKE RECORDS

[ロック、ブルース、ソウル、ワールド]

1977年のオープン以来、幅広いジャンルの中からよりすぐりのレコードを仕入れ、安心の価格で提供。九州の音楽シーンを最先端でキャッチしてきた店主・松本康さんをはるばる訪ねる音楽ファンも多い。店内にはレコード常時5万枚が揃い、CDやDVDなども豊富にそろっている。

⦿『So』 Peter Gabriel
内容の良さもさる事ながら、音質がよく、細かいニュアンスが楽しめる。

☻レコードは不滅。音楽に向かう媒体として最適。「ながら」では聞けない。

住所／福岡県福岡市中央区天神3-6-8 ミツヤマビル2F　最寄り駅／福岡駅、天神駅
TEL／092-781-4369　営業時間／13:00～19:30　定休日／月（月２回程度）　http://juke-records.shop-pro.jp/

RECORD HOUSE WOODSTOCK

[オールジャンル]

1977年創業の熊本市の老舗レコード店。中古盤を中心に不定期に海外買付けも行う。2014年12月に熊本市並木坂から水道町へ拠点を移し、新たな店内にはラウンジスペースを設置。木材のあたたかみを感じる店内では、レコードを聴きながら珈琲やお酒をのんびり楽しむことができる。

⦿『PLACES AND SPACES』 Donald Byrd
Sky High Production屈指の名盤！ ジャズやソウル好きだけじゃなく、どんなジャンルのDJにもアーティスの人にもオススメ。はじめて聴くレコードがこれだったらカッコ良すぎでしょ！

☻レコードは機材を揃えたり、針を落としたり、レコードをひっくり返したりしなきゃいけなくて面倒くさいですが、それがカッコイイと思いますよ！ 音の良さはもちろんジャケットのアートワークも魅力のひとつです。

住所／熊本県熊本市中央区水道町2-11 漢美堂ビル3F　最寄り駅／水道町駅
TEL／096-325-2503　営業時間／12:00～0:00　定休日／木　https://www.facebook.com/recordhousewoodstock

中古CD・レコード店 '69

[オールジャンル]

沖縄市にある中古CDとレコードのお店。入り口ののれんをくぐるとレコードとCDがずらり。基本的に中古のCD、LP、EPや県内インディーズの音源などを取り扱う。ジャンルにかかわらず、面白いCDやレコードを提供。沖縄民謡や古典も豊富なのはこのお店ならでは。「6」と「9」のつく日は10%OFF。

⦿『return to forever』 Chick Corea
B面に収録されている「SOMETIME AGO-LA FIESTA」で聴けるフローラ・プリム嬢の軽やかで爽やかなヴォーカルが絶品！ 何度も再発されているので、入手も比較的容易なはず。

☻場所も取り、手間もかかりますが、その分音を楽しむには最高の媒体だと思います。めげずに頑張ってレコードで聴く楽しみを味わってください！

住所／沖縄県沖縄市中央1-18-11　最寄り駅／なし　バス停は胡屋（ゴヤ）十字路の「胡屋」
TEL／098-989-5017　営業時間／11:00～21:00　定休日／火　http://cdandrecord69.seesaa.net/

disk union
[オールジャンル]

日本でいちばん大きなレコード店

首都圏に約40の店舗／フロアを構える国内最大のレコード店「ディスクユニオン」。お手頃価格で購入できる新譜のほか、中古レコードは、100円レコードからびっくりするような値段のレア盤まで、幅広く取り扱っています。また、ジャンルも、ジャズ、ロック、ヘヴィメタル、ソウル、ブルース、レアグルーヴ、パンク、クラシック、クラブミュージック、昭和歌謡、映画音楽……という驚異の品揃え。それぞれのジャンルの専門館はもちろん、レコード初心者には、オールジャンルを扱う御茶ノ水

写真はお茶の水駅前店。レコードは、とくに
ロック、J-ポップの品揃えが充実している。

ディスクユニオンお茶の水駅前店

[オールジャンル]

ディスクユニオン最大の売場面積を誇る全ジャンル取扱いの総合店。CD、レコード、DVD＆Blu-ray、音楽本の充実と雑貨、アクセサリーも数多く取り揃えている。

⦿『オフ・ザ・ウォール』マイケル・ジャクソン

クインシー・ジョーンズ プロデュースによる世紀の傑作アルバム！ レコードならではの声の伸びが堪能出来るアルバムとして是非!! マイケルのレコードは音が良いので『スリラー』、『BAD』もおすすめです。

☻アナログ・レコードはCDや配信の音とはまた違った味わいがあり、CDやダウンロード音源で所有していてもアナログで体験すると全く違った印象を受ける事も多々あります。値段も非常に安く購入出来るものから、オリジナル盤だと数万円～数十万円するものまで幅広いです。嗜好や聴き方によっても集め方も変わってくると思います。ぜひ体験してみて下さい。

住所／東京都千代田区神田駿河台4-3 新お茶の水ビル2F
最寄り駅／御茶ノ水駅、新御茶ノ水駅
TEL ／ 03-3295-1461
営業時間／11:00～21:00（日・祝11:00 ～ 20:00）
定休日／なし
http://diskunion.net/

や下北沢などの店舗や、中古センターがおすすめ。たくさんのレコードを見て、目を肥やそう。試聴も可能。中古は毎日新入荷があるので要チェック。

disk union SHOP LIST

営業時間／11:00～21:00（月～土）、～20:00（日・祝）
http://diskunion.net　※印の一部店舗で営業時間が異なります。

〈新宿エリア〉

【新宿本館】
BF: 日本のロック・インディーズ館
1F: ロックフロア
2F: 新宿CD・レコードアクセサリー館
3F: 新宿プログレッシヴロック館
4F: ラテン/ブラジルフロア
5F: 中古ロックCDフロア
6F: インディ/オルタナティヴ・ロック・フロア
7F: 中古ロックレコードフロア
東京都新宿区新宿3-31-4 山田ビル
TEL／03-3352-2691

【新宿中古センター】
東京都新宿区新宿3-17-5 カワセビル3F
TEL／03-5367-9530

【新宿ジャズ館】
東京都新宿区新宿3-31-2 丸江藤屋ビル/大伸第2ビル3F　TEL／03-5379-3551

【新宿クラシック館】
東京都新宿区新宿3-17-5 カワセビル8F
TEL／03-5367-9531

【新宿SOUL/BLUES館】
東京都新宿区新宿3-28-2 フクモトビルBF
TEL／03-3352-2031

【新宿CLUB MUSIC SHOP】
東京都新宿区新宿3-28-2 フクモトビル3F、5F　TEL／03-5919-2422

【新宿PUNK MARKET】
東京都新宿区新宿3-35-6 AUNビル6F
TEL／03-5363-9779

【新宿HEAVY METAL館】
東京都新宿区新宿3-28-4 新宿三峰ビル5F　TEL／03-5363-9778

【シネマ館】
東京都新宿区新宿3-28-4 新宿三峰ビル3F　TEL／03-3352-2703

【昭和歌謡館】
東京都新宿区新宿3-28-4 新宿三峰ビルBF　TEL／03-6380-6861

【BIBLIOPHILIC & bookunion 新宿】
東京都新宿区新宿3-17-5 カワセビル3F
TEL／03-5312-2635

〈お茶の水エリア〉

【お茶の水駅前店】
東京都千代田区神田駿河台4-3 新お茶の水ビル2F　TEL／03-3295-1461

【JazzTOKYO】
東京都千代田区神田駿河台2-1-45 ニュー駿河台ビル2F　TEL／03-3294-2648

【お茶の水ソウル/レアグルーヴ館】
東京都千代田区神田駿河台2-1-45 ニュー駿河台ビル2F　TEL／03-3294-1207

【お茶の水HARD ROCK/HEAVY METAL館】
東京都千代田区神田駿河台2-6-10 茜草壷(アカネツボ)ビル　TEL／03-3219-5781

【お茶の水クラシック館】
東京都千代田区神田駿河台2-1-18　TEL／03-3295-5073

【神保町店】
東京都千代田区神田神保町1-9 ハヤオビル　TEL／03-3296-1561

〈渋谷エリア〉

【渋谷中古センター】
東京都渋谷区宇田川町30-7アンテナ21 2F、3F　TEL／03-3461-1809

【渋谷JAZZ/RARE GROOVE館】
東京都渋谷区宇田川町30-7アンテナ21 BF　TEL／03-3461-1161

【渋谷CLUB MUSIC SHOP】
東京都渋谷区宇田川町30-7アンテナ21 4F　TEL／03-3476-2627

【渋谷パンク・ヘヴィメタル館】
東京都渋谷区宇田川町30-7アンテナ21 5F　TEL／03-3461-1121

〈東京都内各店〉

【高田馬場店】
東京都新宿区高田馬場1-34-12 竹内ローリエビル2F　TEL／03-6205-5454
※11:00 ～ 21:00

【池袋店】
東京都豊島区東池袋1-1-2　高村ビル4F
TEL／03-5956-4550

【下北沢店】
東京都世田谷区北沢1-40-7 柏サードビル
TEL／03-3467-3231
※11:30 ～ 21:00

【下北沢CLUB MUSIC SHOP】
東京都世田谷区北沢1-40-7 柏サードビル
TEL／03-5738-2971
※11:30 ～ 21:00

【中野店】
東京都中野区中野4-2-1 中野サンキビル2F　TEL／03-5318-5831
※11:00 ～ 21:00

【吉祥寺店】
東京都武蔵野市吉祥寺本町1-8-22 吉祥寺パレスビル2F　TEL／0422-20-8062

【吉祥寺ジャズ＆クラシック館】
東京都武蔵野市吉祥寺本町1-8-24小島ビル2・3F　TEL／0422-23-3533（ジャズ館）、0422-23-3532（クラシック館）
※11:30 ～ 20:00

【立川店】
東京都立川市曙町2-10-1 ふどうやビル2F
TEL／042-548-5875

【町田店】
東京都町田市原町田4-9-8 町田シエロ
TEL／042-720-7240

〈神奈川県内各店〉

【横浜関内店】
神奈川県横浜市中区常盤町4-45　アート宝飾ビル アートビル2F　TEL／045-661-1541
※11:00 ～ 20:00

【横浜関内ジャズ館】
神奈川県横浜市中区常盤町4-45アート宝飾ビル アートビル2F　TEL／045-661-1542

【横浜西口店】
神奈川県横浜市西区南幸2-8-9 ブライト横浜ビル2F　TEL／045-317-5022
※11:00 ～ 20:00

〈千葉・埼玉県内各店〉

【千葉店】
千葉市中央区富士見2-9-28 第一山崎ビル 2F　TEL／043-224-6372
※11:00 ～ 20:00

【津田沼店】
千葉県船橋市前原西2-14-8 津田沼パスタビル2F　TEL／047-471-1003

【柏店】
千葉県柏市中央町1-1
TEL／04-7164-1787
※11:00 ～ 20:00

【北浦和店】
埼玉県さいたま市浦和区常盤10-8-5
TEL／048-832-0076

【大宮店】
埼玉県さいたま市大宮区宮町1丁目24
TEL／048-783-5466

おすすめ WEBショップ案内

レコードを買いたいけど、近くにレコードショップがない、探しているレコードが見つからない……そんなときは、WEBショップを利用してみましょう。

記載情報は、2015年２月現在のものです。変更されることがありますので、ご了承ください。

500円以下のレコードが充実

COBRANT MUSIC

[オールジャンル]

http://www.cobrant.jp/

50を超えるジャンルと、20,000枚を超える品揃えのオールジャンルショップ。独自に特化したクリスマスなどの季節関連のジャンルもあり、初心者でも探しやすい。300円コーナーもあるので、気軽に買い物できる。

丁寧な商品解説と試聴で安心

Domicile Records

[ジャズ／ロック／ソウル／レゲエ]

http://www.domicile-records.com/

ディープなリスナーにも対応する、幅広い品揃え。全タイトルに高音質の試聴データと詳細な商品紹介文、加えて、あるものにはYouTubeの動画がつけられ、選ぶ際に情報を吟味して、存分に悩むことができる。

ジャズのレア盤が充実

ALORECORD

[ジャズ／レアグルーブ]

http://alo.que.jp/

貴重な盤が多く取り揃えられている。盤やジャケットの状態や、レコードについての丁寧なコメントがつけられ、全タイトルでおすすめ曲の試聴も可能。ジャケットとレーベルの状態が分かる画像もあるので安心。

店長みずから欧米で買い付け

siestarecord

[ソウル／ジャズ／ラテン／ロック]

http://www.siestarecord.com/

レア盤や人気盤、定番の盤など、幅広いジャンルのレコードを取り揃える。年に6～8回、欧米などに店長みずから赴き、買い付けをしている。ほとんどのレコードをリスニングチェックしているのも安心。

福岡の7インチ中心ショップ

compact records

[ジャズ／ラテン／ソウル／ブラジル]

http://compactrecord.com/seven/compact.html

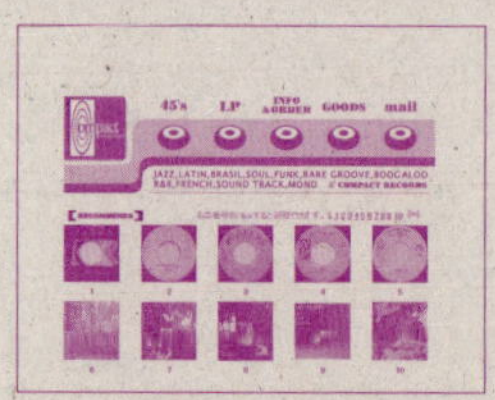

福岡のヴィンテージ系のアパレルショップのオーナーがバイヤーを務める実店舗のオンライン化。7インチを中心にラインナップ。最新情報はページ下部の「New Arrived」から、随時更新しているブログでチェック。

貴重な中古レコードを独自にセレクト

words ensemble records

[ハードバップ／ジャズ／ラテン／ブラジル]

http://words-ensemble.com/

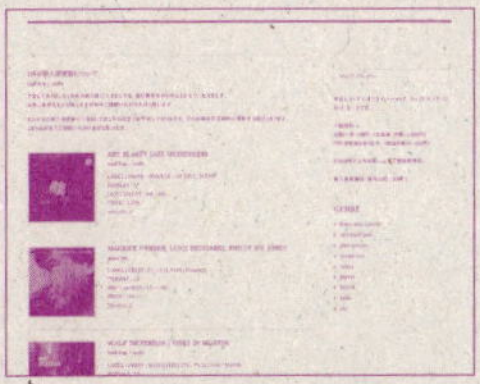

スタイリッシュなWEBデザインが印象的なショップ。貴重なレコードを取り揃える。2週間までなら取り置きも可能。商品情報は丁寧に記載され、試聴データもあるので、じっくりと探すことができる。

音楽通販のショッピングモール

SOUND FINDER

[オールジャンル]

http://www.soundfinder.jp/

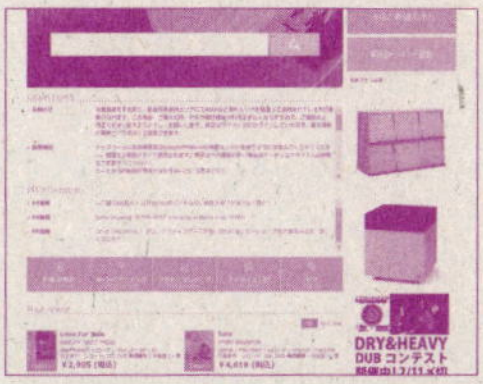

日本全国の新譜・中古レコードショップや音楽関連のショップが集まる。登録店の在庫を一度に検索し、比較できる。アクセスランキングなどもあり、知らない1枚に出会えるチャンスかも。出店者も随時募集中。

和モノレコードが充実

室《むろ》見《み》川《がわ》レコード

[オールジャンル]

http://muroreco.shop-pro.jp/

国内のロック、フォーク、歌謡曲などを多く取り揃える。なつかしいアニメなども。ジャケットやジャンルごとの特集もあり、選ぶのがたのしくなる。全タイトルに丁寧な解説とYouTubeなども付けられている。

ブラックミュージックの7インチ専門店

SHOT RECORDS

[ソウル／ R&B ／ブルース]

http://www.shotrecords.net/

ブラックミュージックのUS盤7インチレコードの専門店。電話での試聴や検盤もできる。商品画像も商品から取り込んでいるので、購入時のコンディション確認をしっかりできるのがうれしい。

吉祥寺の伝説のレコード店が復活

芽《め》瑠《る》璃《り》堂《どう》

[ソウル／ R&B ／ファンク／ジャズ]

http://www.clinck.co.jp/merurido/

村上春樹も通った有名レコード店が、オンラインショップで復活。ブラックミュージックを中心に多彩なラインナップ。WEBマガジンも充実。ジャンル、レーベル、注目のトピックごとに検索をすることができる。

レコードにまつわるコラムが充実

soft tempo records

[ジャズ／レアグルーブ]

http://www.soft-tempo.com/

中古レコードはもちろん、7インチレコード用アルバムやiPhoneカバーなどのグッズも販売。なんといっても、レコードに関するコラムなどが掲載されていて、読み物として楽しめる。

SMALL TALK ABOUT RECORD

VOL.5

レコード・ストア・デイ

最近、「レコード・ストア・デイ」という言葉をよく耳にするようになってませんか？

世界的なレコード人気の復活を象徴する出来事のひとつが、2008年にアメリカではじまった、この1日限りのイベントなのです。

その趣旨は、ずばり「レコード店にレコードを買いに行こう！」というもの。アメリカやイギリスの各地にある独立系（チェーン店や通信販売専門店ではない）のレコード店やレコード文化そのものを盛り立てるべく企画され、今では世界的な規模になっています。

最初のレコード・ストア・デイが開催されたのは2008年4月19日。カリフォルニア州マウンテン・ヴューのレコード店、ラスプーチン・ミュージックでヘビーメタル・バンド、METALLICAがインストア・ライヴを行なうなど、アメリカ、イギリスの数店舗ではじまりました。イベント当日は、店にやってくるお客さんのために、趣旨に賛同したアーティストやバンドによる店頭だけで買える限定盤の発売、サイン会、インストア・ライブなどが行われ、大きな話題を呼びました。

翌2009年4月18日の第2回レコード・ストア・デイ以降、その規模は世界規模に拡大し、今では限定発売されるレコードの数も数百にも及んでいます。

日本でも2012年から独自の限定レコード・リリースがはじまっています。2014年には発売されるレコードの点数も

2014年の開催時には、レコードショップの店内に限定レコードやプレーヤーが並んだ。

一気に増え、ASIAN KUNG-FU GENERATIONの後藤正文さんが日本でのアンバサダーを務めて、一般的にもこの特別な日の存在が広く知られ、大きな盛り上がりがみられました。

イベントが大きくなるにつれ、限定盤をめぐる争奪戦の世界的な過熱やネット・オークションへの流出、レコード店が近隣に存在しない地方在住の音楽ファンが不利になることなど、いくつかの問題点も浮上し、そうした点についてはファンやミュージシャンも交えてSNS上などでも盛んに議論が交わされています。何よりレコードの魅力についてみんなが考える日があるのはすばらしいですし、今後もレコードとレコード店、リスナーとのより良い関係を探りながらレコード・ストア・デイが続いていくことが期待されています。日本のレコード・ストア・デイの開催日などをチェックして、ぜひレコードショップに足を運んでみましょう。

2014年の開催時の様子。写真は東京・渋谷のTECHNIQUE。
【写真提供：RECORD STORE DAY JAPAN事務局】

レコード用語集

知っておくと便利な言葉から、ちょっとマニアックな言葉まで……
レコードに関する言葉を集めました。

アイコン説明　☑…必須　🛒…買うときに役立つ　🔍…マニア向け　🎧…DJ向け

レコード

【インサート】 🛒
ジャケットの中に入っている、歌詞カードやライナーノーツ（138ページ）などの総称。

【インナースリーブ（内袋）】 🛒
レコードを保護するために使用される。日本盤には半透明のビニールのポリ袋が使われることが多い。輸入盤は、ほとんど紙製で、歌詞や解説、写真を印刷しているものも少なくない。

【SP盤】 🔍
20世紀初頭に開発された円盤型レコードの元祖で1960年頃まで製造された。サイズは基本的に10インチ。片面1曲で約3～5分収録されている。古いタイプのレコードなので、現在は専門店以外ではあまり目にしないが、愛好家は今でも多い。後の時代のレコードとは違い、塩化ビニール素材ではなく、シェラック素材なので割れやすい。

【エッジ】 🔍
ジャケットのマチ部分および盤のフチ部分。

【塩化ビニール】 🛒
レコードの原材料。現在流通しているレコードの大半は、塩化ビニール素材。レコードのことを「エンビ（塩ビ）」と略して呼ぶ場合もある。レコードの多くは黒色だが、塩化ビニール自体は無色透明。SP盤が割れやすかったため、黒いカーボンを混ぜて割れにくくした結果、色が黒くなったとされる。

【帯】 🛒 🔍
レコードのジャケットに付けられた日本盤特有の紙の帯。アーティスト名とアルバム名（日本盤オリジナルタイトルの場合も）に加えて、解説文やコピーなどが書かれている。

【オリジナル】 🛒
再発盤（137ページ）ではなく、最初にプレスされたレコード。マスター（34ページ）の状態が良く、音質が良いとされている。レーベル部分に明記された住所や年代などを見て判別する。ORGやOR－Gと表記する場合もある。

【カット盤】 🛒
新品のレコードで売れ残ったものを回収し、ジャケットの隅に穴をあけたり、角を切り落として、バーゲン品扱いで安価に流通させた盤。（29ページ）

【カバー】 ☑
ジャケットのこと。英語圏ではジャケットという言葉はあまり使われない。他人の楽曲を自分流のアレンジにして演奏することも「カバー」という。

【カラー盤】 🛒
通常黒に着色する盤を赤や緑などに着色したレコード。マーブル模様などもある。（92ページ）

【各国盤】 🛒 🔍
世界各国で同じレコードを異なる仕様で発売したもの。ジャケットのデザインや曲目が違うことがある。

【グルーブガード】

盤のエッジ部分にあるふくらみ。


【限定盤】

プレスの枚数が限られたレコード。シリアルナンバーが記載されたものもある。


【再発盤（リイシュー盤）】

オリジナル盤が生産中止（廃盤）となって数年後に人気が高まり、需要に応えるために復刻されたレコードのこと。オリジナルのジャケットをそのまま再現しているものが多いが、なかにはデザインを変更したものや、ボーナス・トラックを追加したものもある。判別法は、ジャケットの紙質の新旧、レーベル名の変更など。オリジナル盤の初回プレス以外はすべて再発とするマニアックな考え方もある。


【シェイプ盤】

ハートや星などの形につくられたレコードのこと。（92ページ）

【重量盤】

通常のレコードよりも重いレコード。回転が安定し、盤の反りなどが起こりにくくなる。盤に厚みがあるので、溝を深く掘ることができ、針と溝との接触面が増えるため、音質が向上する。通常の約1.5倍の180グラム以上である場合が多い。


【シュリンク】

新品のレコードを密封するフィルム。アメリカ盤に多い。封が切られていない未開封の状態を「シールド」、封が切られていてもジャケットに残った状態を「シュリンク付き」と呼ぶ。


【スチレン】

発泡スチロールと同じ素材でできたレコードで、アメリカ盤に多い。1950～60年代半ばにかけて、塩化ビニールよりも材料費が安価であったため使用されていた。オイルショック（1973年）で塩化ビニールの入手が困難だった時期にも7インチEPなどでも使われた。音質が劣化しやすい。


【ソノシート】

塩化ビニール製だが、通常のレコードよりもきわめて薄いレコード。容易に曲げられるため、雑誌の付録などに使われた。


【ダブルジャケット】

おもに2枚組のレコードのために、長方形を真ん中から二重に折る形で制作されたジャケット。英語圏では「ゲートフォールド・カバー」と呼ぶことが多い。


【ディグ（掘る）】

レコードを探す行為のこと。


【ディープグルーブ】

1960年代以前のレコードなどで、レーベル部分に見られる溝のようなくぼみ。この有無により、盤のプレスの新旧や地域が判別でき、ジャズ・ファンにはこの有無にこだわりがある人が多い。「ミゾ（深溝）」と呼ぶ場合も多いが、音の入った溝のことではない。


【デッドワックス】

盤の音溝がなくなったところからレーベルまでの無音部分。マトリックス（製造番号）などが刻印されている。


【ピクチャー盤】

盤面に写真やイラストなどがあるレコード。レコードをプレスする際に、A面B面の間に写真やイラストを挟みこみ、それが透けて見えている。（92ページ）

【フラットエッジ】

盤のエッジ部分が平らなままのレコード（グルーブガードがない状態）。1950年代にプレスされたレコードに多い。


【フリップバック】

封筒の封のようにジャケットの表の紙を折り返したジャケット。ヨーロッパのものに多い。


【プレス】

レコードをつくる最終工程。（34ページ）

【プロモ盤（白盤）】

レコードの宣伝（プロモーション）のため、いち早くラジオ曲やマスコミに配布された盤。通常盤と区別するために、レーベルが白を基調にデザインされていたり、ジャケットにプロモ盤であることを示すステッカーが貼られている場合が多い。マスターが一番新しい状態でプレスされる盤であることや、製造数が限定されており、コレクターにとっては集める価値があり、価格がとても高いものもある。


【モノラル】

スピーカーやヘッドホンから左右異なる音が再生されるステレオ方式に対し、単一の音が再生される方式。1950年代後半までは、ほとんどレコードはモノラル録音。ステレオの登場で1960年代後半にはほぼ姿を消すが、今でも古い音楽へのこだわりから、あえてモノラルを採用するアーティストもいる。


【ライナーノーツ】

レコードについての解説文。


【ラベル(レーベル)】

アーティスト名やアルバム名、回転数などが書かれた盤の真ん中部分。センターレーベルともいう。レコード会社のことを指す場合もある。

レコードの状態

【ウォーターダメージ】

ジャケットに水にぬれた跡がある状態。


【ヴェリーグッド(VG)】

ノイズや見た目のマイナスは多少あるが、中古盤としてはまずまずの状態(A-~C)。


【エクセレント(EX)】

ノイズや見た目のマイナスが少なく、中古盤として良質(A-~B)。


【塩ビ焼け】

レコードを包む内袋によって盤面に起こる化学変化。白くなっており、その部分を再生すると、パチパチ、サーサーとノイズが発生することがある。「ビニ焼け」と同義(20ページ)。


【書きこみあり】

レコードのジャケットやセンターラベルにマジックやボールペンで書き込みがされている状態。元の持ち主の名前や落書きがほとんどで、輸入盤に多い。ラジオ局や図書館など公共機関の所蔵物だった場合は、ハンコが押されている場合もある。


【グッド(G)】

ノイズや見た目のマイナスがはっきりとあるが、なんとか聴くことはできる状態(C)。


【検盤】

レコードの盤面の状態をチェックすること。(20ページ)

【コンディション】

ジャケットや盤の状態。アルファベットで表記する場合がほとんど。お店ごとに表記や評価の基準が異なる。(19ページ)

【シール貼りあり】

ジャケットやセンターレーベルにテープやステッカーが貼られている状態。ジャケットの抜けを補修するために透明のテープを使っている場合が多い。また、公共機関などで分類しやすくするために色のついたテープを使っている場合もある。


【シールド】

レコードが取り出せないようにフィルムで密封した状態。つまり新品のレコードのこと。


【スクラッチ】

引っかいた傷、すったような傷のこと。スレともいう。DJが盤をこする行為のこともいう。


【セイムタイトル(S.T.)】

アーティスト名とアルバム名が同じタイトルのもの。


【センターずれ】

レコードプレス工場でのプレス段階で、何らかの原因で中心がずれてプレスされたレコードのこと。聴きにくかったり、最悪の場合聴けなかったりする。


【底抜け(天抜け、背抜け)】

ジャケットの底部分が破れ、盤

が落ちる状態。（21ページ）

【ソリ】

熱や長年の圧力により、反って変形したレコード。（20ページ）

【ダストノイズ】

レコードの溝にほこりがたまって発生するノイズのこと。


【ニアミント（NM）】

新品同様とはいえないが、ノイズや見た目のマイナスがほとんどない状態（A〜A-）。


【ノイズ】

収録されている音以外の雑音。ホコリや傷、プレスミスなどによって起こる。（20ページ）

【針飛び】

ホコリや振動によって、針が飛んで、音が飛んでしまうこと。針にも盤にもダメージがかかる。


【ヒゲ】

中古レコードのセンターホールの外側に蜘蛛の巣のようについている使用痕。このヒゲが多くついていると、それだけ多くの回数を聴かれていたことになり、音質が落ちる場合が多い。


【ヒートダメージ】

熱によって、盤が反ったり、変形してしまった状態。


【ビニ焼け】

レコードを包む内袋によって盤面に起こる化学変化。塩ビ焼けと同義（20ページ）。


【フェア（F）（プアー／P）】

ノイズや見た目のマイナスが激しくある状態。針飛びする場合もある（C以下）。


【プレスミス】

製作段階に異物が混入したり、変形したまま、市場に出荷された不良品。（20ページ）

【マトリックス】

レーベル部分に近い、音の鳴らない部分に刻印されている製造番号。その下2桁が重要視され、1番のものを「マト1」と呼ぶ。オリジナル盤のなかでも、一番はじめのスタンパー（34ページ）でプレスされたものを指し、音が良いとされている。


【ミント（M）】

もっとも良い状態のこと。


【リングウェア】

ジャケットやレーベルにできる輪のような形のスレ。保存の状態によって、ジャケットのなかのレコードの形が浮き出てくるような状態になったりする。


【レア、レア盤】

貴重な盤のこと。

オーディオ

【インシュレーター】

振動を遮断するアクセサリー。ハウリングが起きる時や、振動が多く、針飛びする場合に使う。


【カートリッジ】

プレーヤーの針先部分。フォノカートリッジともいう（77ページ）。針先から伝わる振動を電気的な信号に変換するパーツ。


【シェル、ヘッドシェル】

カートリッジの上部。シェル一体型でなければ、交換が可能。


【スタビライザー】

レコードの上に置いて、レコードの振動を抑え、スリップを防止するアクセサリー。


【ステレオ】

ステレオ装置やコンポのこと。モノラルとの対義語であるステレオ効果を指す場合もある。


【ダイレクトドライブ】

モーター軸に直接ターンテーブルを載せた方式。磁石の反発を利用して回転し、DJ向けのプレーヤーに採用されている。


【トーンアーム】

先端にカートリッジがついているアーム部分のこと。


【ベルトドライブ】

モーターの回転をベルトでターンテーブルに伝える方式。

おわりに

レコードを聴くことって、
人と話すのに似ているのです。

「あなたは誰？　どこから来たの？」って
知りたいと思う気持ちが強くなるだけ、
レコードの世界はおもしろくなるはず。

本書が、レコードをはじめるあなたの背中を押し、
充実したレコードライフのための
心強い1冊になりますように。

10-Z
FACE RECORDS
EST.1994
JAZZ
SOUL
FUNK
ROCK
VINYL
ONLY
RECORD
STORE
FACE RECORDS
JAZZ FUNK BEATS
RECORD STORE
BUY,SELL,TRADE
www.facerecords.com
813-3462-5696

参考文献

『オーディオ・マニアが頼りにする本①』
（青年書館）
『CD/ADプレーヤーシステム徹底研究　基礎講座シリーズ④』
（音楽之友社）
『大人のためのアナログレコードの愉しみ方』
（洋泉社）
『Price Guide To Collectible Jazz Albums 1949-1969』
（krause publications）

はじめてのレコード

これ1冊でわかる　聴きかた、探しかた、楽しみかた

初版発行　二〇一五年四月一日
三刷発行　二〇一六年十一月一日

著　レコードはじめて委員会
アドバイザー　松永良平（リズム&ペンシル）
装丁　藤田康平（Barber）
写真　阿部健
モデル　珠里亜（Gunn's）
スタイリスト　新宮慧
イラスト　上坂元均
DTP　オノ・エーワン
撮影協力　大河延年　東江夏海
遠藤雅人　笹井佳奈
FACE RECORDS　ディスクユニオン
編集　和田めぐみ（DECO）　齋藤春菜（DECO）
制作　筒井奈々（DU BOOKS）

発行者　広畑雅彦
発行元　DU BOOKS
発売元　株式会社ディスクユニオン
東京都千代田区九段南三-九-一四
編集　電話　〇三-三五一一-九九七〇
ファクス　〇三-三五一一-九九三八
営業　電話　〇三-三五一一-二七二二
ファクス　〇三-三五一一-九九四一
http://diskunion.net/cubooks/

印刷・製本　シナノ印刷

ISBN 978-4-907583-42-2